ぺんたと小春《こはる》の
どうぶつ魔《ま》法《ほう》学《がっ》校《こう》

監修
佐藤克文
（東京大学大気海洋研究所 教授）

製作
ペンギン飛行機製作所
penguin airplane factory

サンマーク出版

ぺんたと小春《こはる》と博士《はかせ》のおはなし①

「ねぇねぇ、小春《こはる》ぅ!!
聞《き》いて、聞《き》いてぇ!!」

ある日《ひ》の
ペンギン飛行機製作所《ひこうきせいさくじょ》でのこと。
小春《こはる》が遊《あそ》んでいると、
出《で》かけていたぺんたが、
なにやら手《て》に持《も》って、
部屋《へや》に飛《と》び込《こ》んできました。

「アメンボさんって、あったことあるぅ?」
「アメンボさん?
あったことないけど……どうしたのっ?」
「アメンボさんはすごいのぉぉ!
お水《みず》の上《うえ》を歩《ある》く魔法《まほう》が使《つか》えるんだよぉぉ!!
ぺんたね、今《いま》、お友達《ともだち》になったからぁ、
見《み》せてくれるってぇ!」

ぺんたが手《て》のひらを開《ひら》くと、
そこにはアメンボさんがいました。

「初《はじ》めまして、小春《こはる》ちゃん」

「はじめましてっ！　アメンボさん、魔法《まほう》が使《つか》えるって、ほんとっ？」

「う、うん。でも、僕《ぼく》たちにとっては特別《とくべつ》なことじゃないんだけど……やって見《み》せようか？」

「わぁ、見《み》たいっ！　見《み》せて見《み》せてっ！」

ぺんたと小春《こはる》が目《め》をキラキラさせながら見《み》つめています。

アメンボさんは、水《みず》の上《うえ》をすい〜〜〜〜っと歩《ある》いてくれました。

「すごいねっっっっ!!」
「うん、すごいよねぇぇ～！
なんでこんな魔法《まほう》が
使《つか》えるんだろぉぉ～！」
「南極《なんきょく》では、
見《み》たことなかったねっ！」
「そういえば、日本《にほん》に来《き》てから、
いろんな動物《どうぶつ》さんに会《あ》ったけどぉ、
みんな、いろんな魔法《まほう》が
使《つか》えるんだよぉぉ」
「えっ、そうなの？」

「うん。たとえばぁ、犬《いぬ》さんはぁ、
土《つち》の中《なか》に埋《う》まってて見《み》えないものを
掘《ほ》り当《あ》てられるでしょお」
「わっ、ほんとだっ。
〝透視《とうし》の魔法《まほう》〟だねっ」
「あとねぇ、ホタルさんはぁ、
体《からだ》をピカピカさせられるんだよぉ」
「そうだねっ！〝光《ひか》る魔法《まほう》〟だねっ！
みんなすごいねっ！」

「ねぇぇ……小春《こはる》ぅ。
ぺんたたち皇帝《こうてい》ペンギンはぁ、
何《なん》にも魔法《まほう》が使《つか》えないねぇ」
「そうだね……」
ぺんたと小春《こはる》は、
ちょっぴり寂《さび》しくなりました。
「なんだか、私《わたし》たちには、
なんにもいいところがないみたい……。
ペンギンは鳥《とり》なのにお空《そら》も飛《と》べないし……」
二人《ふたり》が黙《だま》り込《こ》んでいると、
そこに製作所《せいさくじょ》の博士《はかせ》が帰《かえ》ってきました。

「おや、二人《ふたり》とも、どうしたんじゃ？　元気《げんき》がないのう」
「あのねぇえ、今《いま》、アメンボさんに会《あ》ってねぇ、
水《みず》の上《うえ》を歩《ある》く魔法《まほう》を見《み》せてもらってねぇ、
とってもすごいなって思《おも》ったのぉ。
他《ほか》にもねぇ、動物《どうぶつ》さんや虫《むし》さんって、
いろんな魔法《まほう》が使《つか》えるんだよぉ。
でも、ぺんたたちは、なんの魔法《まほう》も使《つか》えないでしょぉ。
うらやましくなっちゃったよぉ…」
「そうか、そうか」
博士《はかせ》は、二人《ふたり》を優《やさ》しい瞳《ひとみ》で見《み》つめました。
「じゃあ、ペンギン飛行機《ひこうき》を使《つか》って、世界中《せかいじゅう》の動物《どうぶつ》さんたちに、
魔法《まほう》を習《なら》いに行《い》ってみたらどうじゃ？」

「魔法《まほう》を習《なら》いにぃ？」

「そうじゃ。いろんな動物《どうぶつ》さんたちに会《あ》って、話《はなし》を聞《き》いてみてごらん。きっと、発見《はっけん》があるはずじゃよ」

「楽《たの》しそうっ！　ぺんた、行《い》ってみようよっ！」

「うん、行《い》ってみよぉぉ～!!」

こうしてぺんたと小春《こはる》は、世界中《せかいじゅう》の動物《どうぶつ》や虫《むし》たちに、魔法《まほう》を習《なら》いに行《い》くことにしたのです。

もくじ

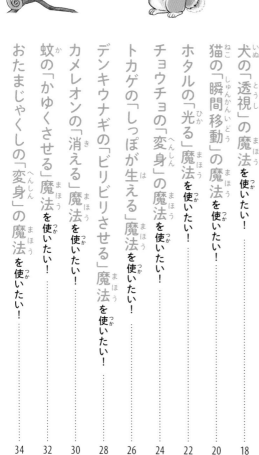

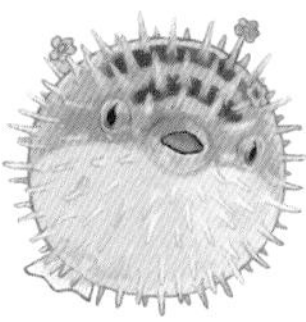

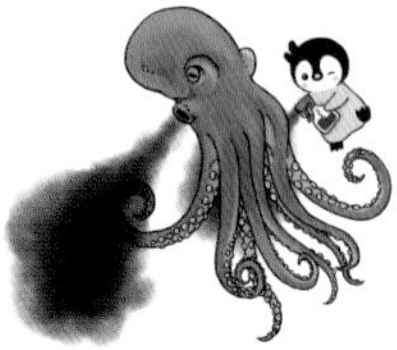

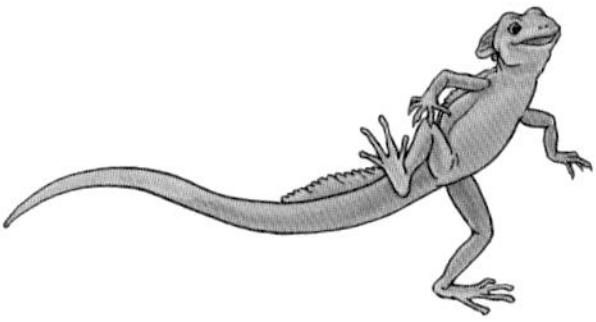

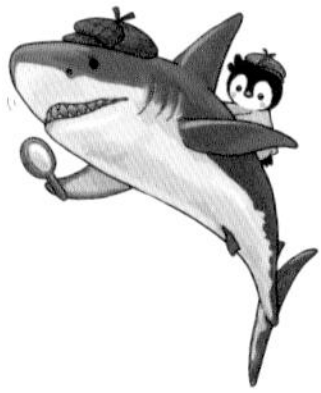

2 時間《じかん》め ぺんたと小春《こはる》の忍者学校《にんじゃがっこう》

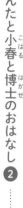

1 時間《じかん》め

ぺんたと小春《こはる》の魔法学校《まほうがっこう》

犬《いぬ》の『透視《とうし》』の魔法《まほう》を使《つか》いたい！

「犬《いぬ》さんって、人《ひと》が隠《かく》し持《も》ってるものを見《み》つけて、けいさつのお手伝《てつだ》いができるほど目《め》がいいんでしょ？」

「うん。隠《かく》れた爆弾《ばくだん》をさがすこともあるんだよ」

「〝透視《とうし》の魔法《まほう》〟、ぺんたにも教《おし》えてぇ。博士《はかせ》がおやつを隠《かく》してる場所《ばしょ》を知《し》りたいのぉ」

「魔法《まほう》というか……。じつはぼく、鼻《はな》がすごくいいの」

「えっ、じゃあ〝透視《とうし》の魔法《まほう》〟じゃないのぉぉ？」

「うん。ぼくの鼻《はな》って、においを感《かん》じる場所《ばしょ》がとても広《ひろ》くて、人間《にんげん》の40〜50倍《ばい》もあるの。だから、鼻《はな》から吸《す》った空気《くうき》にふくまれているにおいのつぶから、いろんな情報《じょうほう》をよみとれるんだよ」

「すごいよぉぉ」

「空港《くうこう》や港《みなと》では麻薬探知犬《まやくたんちけん》が働《はたら》いているし、自然災害《しぜんさいがい》の現場《げんば》では、災害救助犬《さいがいきゅうじょけん》が、埋《う》もれてしまった人《ひと》を見《み》つけたりしているんだよ」

「か、か、かっこいいいいい！」

大《おお》きなお鼻《はな》をつければ、ぺんたもかっこいいお仕《し》事《ごと》できるかなぁぁ？

犬《いぬ》は、においのつぶ（粒子《りゅうし》）を感《かん》じる場所《ばしょ》（嗅粘膜《きゅうねんまく》）が広《ひろ》いことに加《くわ》え、嗅細胞《きゅうさいぼう》の数《かず》は人間《にんげん》の20～40倍《ばい》。においを伝《つた》える神経《しんけい》や、それに反応《はんのう》する脳《のう》も発達《はったつ》しています。犬《いぬ》の種類《しゅるい》によって、「地面《じめん》のにおいをかぐこと」が得意《とくい》なものと、「空気中《くうきちゅう》を浮遊《ふゆう》するにおいの粒子《りゅうし》そのものをかぐこと」が得意《とくい》なものとに分《わ》かれます。パグやブルドッグなどの「短頭種《たんとうしゅ》」は、鼻腔《びくう》が長《なが》い種類《しゅるい》の犬《いぬ》に比《くら》べて、嗅覚《きゅうかく》が劣《おと》ります。

DATA

住《す》んでいる場所《ばしょ》…世界中《せかいじゅう》
大《おお》きさ…20cm ～ 2m
食《た》べ物《もの》…肉類《にくるい》、魚類《ぎょるい》、野菜類《やさいるい》、イモ類《るい》、豆腐《とうふ》、ドッグフードなど。ただしネギ類《るい》・ぶどう・アボカド・甲殻類《こうかくるい》・スルメ・シシャモ・ナッツ類《るい》などは与えてはいけない
分類《ぶんるい》…ほにゅう類《るい》

猫《ねこ》の『瞬間移動《しゅんかんいどう》』の魔法《まほう》を使《つか》いたい！

「猫《ねこ》さんみたいに、足音《あしおと》を立《た》てずに瞬間移動《しゅんかんいどう》したいの。冷蔵庫《れいぞうこ》の中《なか》のものを、誰《だれ》にも気《き》づかれずに取《と》ってこられるでしょおお？」

「ぺんたくんのペタペタって足音《あしおと》、たしかに遠《とお》くからでもすぐわかっちゃうものね。じゃあ、ちょっと足《あし》のうら、見《み》せてくれる？」

「見《み》て見《み》てぇ～！」

間移動できる
くつしただって～
みせて～
ずっ
おし
ちてち…

「わっ！　ぺんたくんの足《あし》のうらって、フワフワ。肉球《にくきゅう》がついてるぼくの足《あし》のうらと似《に》てるよ。ぼくねえ、**プニプニの肉球《にくきゅう》があるから、それがクッションになってくれて、足音《あしおと》を消《け》せるんだ**」

「じゃあ、ぺんたも、瞬間《しゅんかん》移動《いどう》できてるのかなあ？」

「問題《もんだい》は歩《ある》き方《かた》かな。ぼくみたいに、エレガントにフワフワ歩《ある》いてごらん。ぺんたくんって、体重《たいじゅう》をそのまま下《した》にかけちゃってるでしょ？　あと、小股《こまた》すぎると気《き》づかれちゃう。大股《おおまた》で歩《ある》いてみなよ」

「やってみりゅう〜！」

ぺんたの体《からだ》は、氷《こおり》の上《うえ》をしっかり歩《ある》けるようにできてるから、なかなかフワフワ歩《ある》けないのぉぉ！

猫《ねこ》が静《しず》かに歩行《ほこう》するのは、獲物《えもの》を捕《と》らえるため。気《き》づかれないように接近《せっきん》しなければならないからです。そのために「肉球《にくきゅう》」がついています。肉球《にくきゅう》は脂肪《しぼう》や弾性繊維《だんせいせんい》でできています。猫《ねこ》の皮膚《ひふ》は薄《うす》いのですが、肉球《にくきゅう》はぶ厚《あつ》くて約《やく》1㎜もあります。子猫《こねこ》の肉球《にくきゅう》は柔《やわ》らかいですが、年齢《ねんれい》を重《かさ》ねるにつれ硬《かた》くなっていきます。また、飼《か》い猫《ねこ》よりも外猫《そとねこ》のほうが過酷《かこく》な環境《かんきょう》で生《い》きるため、肉球《にくきゅう》は硬《かた》くなります。

DATA

住《す》んでいる場所《ばしょ》… 南極大陸《なんきょくたいりく》をのぞく世界中《せかいじゅう》
大《おお》きさ… 頭胴長《とうどうちょう》が約《やく》75cm、尾長《びちょう》が約《やく》40cm（最大種《さいだいしゅ》のメインクーンは鼻先《はなさき》から尾《び》端《たん》まで約《やく》1ｍ）
食《た》べ物《もの》… ネズミ、鳥類《ちょうるい》、キャットフードなど
分類《ぶんるい》… ほにゅう類《るい》

ホタルの「光《ひか》る」魔法《まほう》を使《つか》いたい！

「ぺんたたちもホタルさんみたいに光《ひか》りたいぃ！　体《からだ》に電気《でんき》がとおってるのぉ？」

「ううん、電気《でんき》で光《ひか》ってるわけじゃないの。**ぼくの体《からだ》でつくっている『光《ひか》る物質《ぶっしつ》』と『酵《こう》素《そ》』が、体《からだ》のなかにあるATPっていう物質《ぶっしつ》に触《ふ》れると、ピカピカ光《ひか》る**んだ。ぼくはそれをコントロールできるの」

「どんな時《とき》に光《ひか》らせるの？」

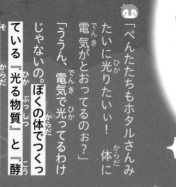

「素敵《すてき》なメスと出会《であ》いたいときとか、敵《てき》をおどろかせたいときとかかなぁ」

「光《ひか》るとモテるんだねぇ。ぺんたも、ピカピカして博士《はかせ》を驚《おどろ》かせたいぃ～。きひひひ。ぺんたと小春《こはる》がピカピカするにはぁ、何《なに》をまぜればいいのぉ？」

「そうだね、光《ひか》る物質《ぶっしつ》の〝ルシフェリン〟と、酵素《こうそ》の〝ルシフェラーゼ〟、そして〝ATP〟をまぜればいいだけなの。人間《にんげん》の世界《せかい》では、この3つをセットにして売《う》っているお店《みせ》もあるんだって」

「きゃあきゃあ、やってみよぉ」

ぺんたもピカピカしてぇ、みんなの目印《めじるし》になりたいぃ～

世界中《せかいじゅう》で約《やく》２０００種類《しゅるい》いるホタルのうち、日本《にほん》にいるのは約《やく》50種《しゅ》類《るい》。そのうち「ゲンジボタル」や「ヘイケボタル」などが発光《はっこう》します。ホタルは、おしりに近《ちか》いところに「発光器《はっこうき》」があります。そこに「ルシフェリン」という発光物質《はっこうぶっしつ》と、発光《はっこう》を助《たす》ける「ルシフェラーゼ」という酵素《こうそ》があり、この２つが体内《たいない》のＡＴＰと反応《はんのう》すると、光《ひか》るようになっています。その光《ひかり》は熱《ねつ》が出《で》ないため「冷光《れいこう》」と呼《よ》ばれます。

DATA

住《す》んでいる場所《ばしょ》… 日本《にほん》（本州《ほんしゅう》、四国《しこく》、九州《きゅうしゅう》）
大《おお》きさ… 12～18mm
食《た》べ物《もの》… カワニナ
分《ぶん》　類《るい》… 昆虫類《こんちゅうるい》
（※ゲンジボタルの場合《ばあい》）

チョウチョの『変身《へんしん》』の魔法《まほう》を使《つか》いたい！

「チョウチョさんって、子《こ》ども時代《じだい》はイモムシさんだったのに、サナギの中《なか》にとじこもって、きれいなチョウチョさんになるでしょう？　変《へん》身《しん》するの、すごいよぉぉ」

「うん、サナギの中《なか》で、がんばって大変身《だいへんしん》してるよ」

「その魔法《まほう》、教《おし》えてぇ。おふとんにくるまってじーっとしてたら、ぺんたも飛《と》べるようになるかなぁ？」

「ぺんたくんの考《かんが》え方《かた》って、ぬるすぎるっ！　自分《じぶん》の体《からだ》を溶《と》かすことから始《はじ》めなきゃ。大事《だいじ》な細胞《さいぼう》とか、特別《とくべつ》な筋《きん》肉《にく》だけは最後《さいご》まで大事《だいじ》に置《お》いておくけれど、ほかはみんな溶《と》かすんだよ。それから羽《はね》とか触角《しょっかく》とかをつくりはじめるんだよ」

サナギになる時《とき》、イモムシは酵素《こうそ》を出《だ》し、ほとんどの細胞組織《さいぼうそしき》を溶《と》かします。ただし神経《しんけい》や特殊《とくしゅ》な筋肉《きんにく》は〝再利用《さいりよう》〟します。では羽《はね》や触覚《しょっかく》など「チョウ」としての新《あたら》しい部位《ぶい》はどのようにつくられるのでしょうか？　実《じつ》はイモムシの体《からだ》には、卵《たまご》からかえる前《まえ》から「成虫原基《せいちゅうげんき》」という細胞《さいぼう》の塊《かたまり》が広《ひろ》がっています。その原基《げんき》が、チョウとしての新《あたら》しい部位《ぶい》のもとになります。溶《と》けた液体《えきたい》は、新《あら》たな細胞分裂《さいぼうぶんれつ》を促《うなが》します。

DATA

住《す》んでいる場所《ばしょ》…全世界《ぜんせかい》、ただし南極大陸《なんきょくたいりく》・大《おお》きな砂漠《さばく》の中《ちゅう》心部《しんぶ》・万年氷床《まんねんひょうしょう》となる標高《ひょうこう》6000m以上《いじょう》の高山帯《こうざんたい》をのぞく

大《おお》きさ…1.2～31㎝（翼開長《よくかいちょう》／最小種《さいしょうしゅ》「コビトシジミ」～最大種《さいだいしゅ》「アレクサンドラトリバネアゲハ」）

食《た》べ物《もの》…花《はな》の蜜《みつ》やつぼみ、植物《しょくぶつ》の葉《は》、樹液《じゅえき》、果汁《かじゅう》、昆虫類《こんちゅうるい》の出《だ》す蜜《みつ》など

分《ぶん》　類《るい》…昆虫類《こんちゅうるい》

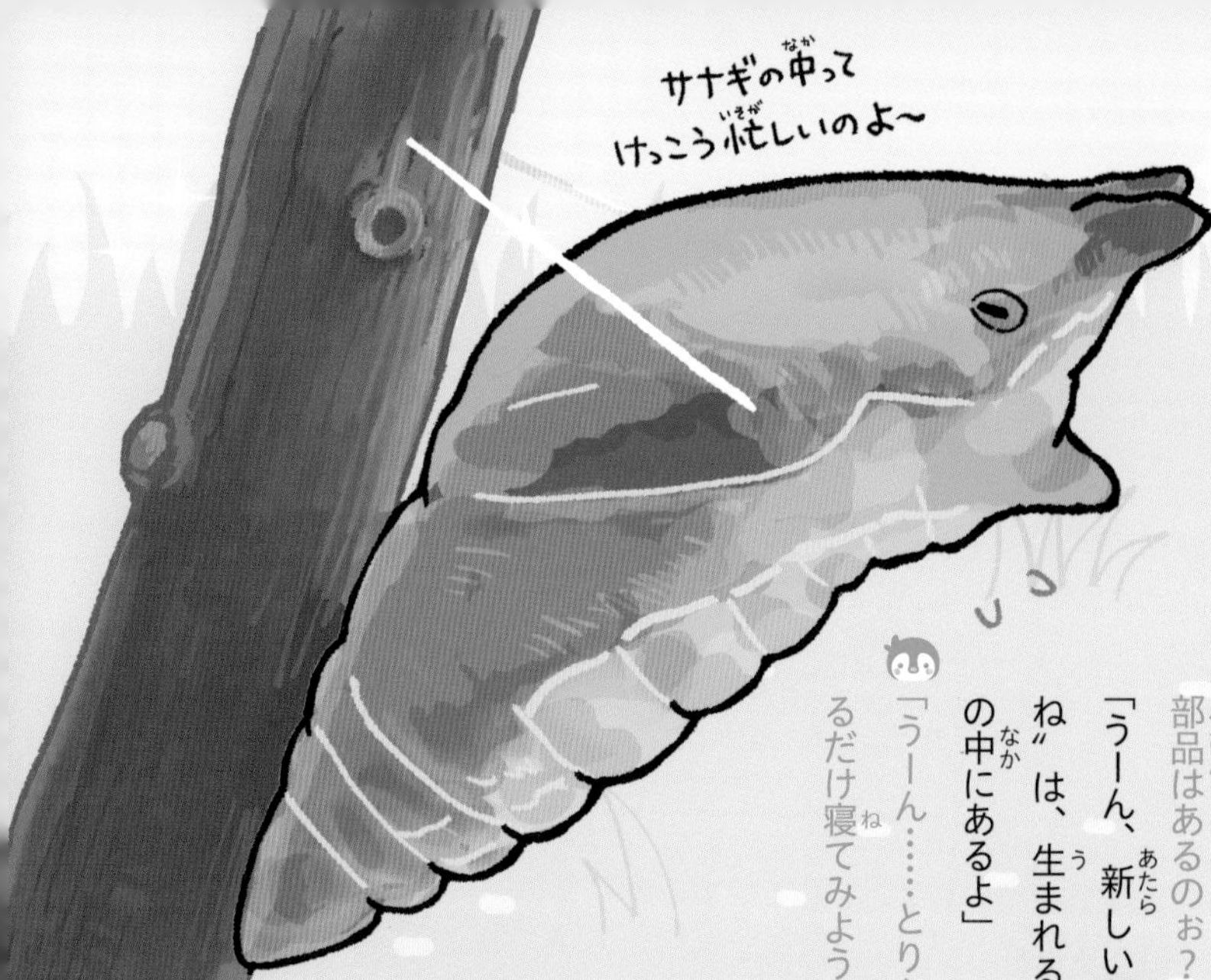
サナギの中《なか》って
けっこう忙《いそが》しいのよ～

「ど、どうやってつくるのぉ？
部品《ぶひん》はあるのぉ？」

「うーん、新《あたら》しい部品《ぶひん》の〝た
ね〟は、生《う》まれる前《まえ》から体《からだ》
の中《なか》にあるよ」

「うーん……とりあえず、寝《ね》
るだけ寝《ね》てみようかなぁ」

ムニャ
ムニャ
目《め》がさめたら
ぺんたも羽《はね》が
はえてるかなぁぁ～

まずは、おなかの脂《し》肪《ぼう》を溶《と》かすことからはじめようかなぁ～

トカゲの『しっぽが生《は》える』魔《ま》法《ほう》を使いたい！

「トカゲさんのしっぽって、切《き》れるんだよね？」

「うん。しっぽの骨《ほね》に〝切《き》り取《と》り線《せん》〟がもともと入《はい》っていてね。しっぽに刺激《しげき》があると、何《なに》も考《かんが》えなくても筋肉《きんにく》がちぢんで、勝手《かって》に切《き》れるようにできているの」

「すごぉい！　それで、また生《は》えてくるんでしょお？」

「そうだよ。でも、前《まえ》のしっ

大変《たいへん》だけど
再生力《さいせいりょく》で
また生《は》やすよ
さす
さす

ぽより小《ちい》さかったり、ヘンテコな形《かたち》になっちゃったりするよ。新《あたら》しいしっぽの部分《ぶぶん》の芯《しん》は、骨《ほね》じゃなくて、やわらかくなっちゃうし。また生《は》えるまで、何《なん》か月《げつ》もかかるしねぇ。その間《あいだ》、ちょっと大変《たいへん》なの。切《き》れたところからばいきんが入《はい》って、病気《びょうき》になっちゃう友《とも》だちも多《おお》いんだ。だから、できればあんまり使《つか》いたくない魔法《まほう》なんだ」

「そっかぁ〜。魔法《まほう》が使《つか》えても、大変《たいへん》なこともあるんだねぇ」

「いざとなれば助《たす》けてくれるお守《まも》りみたいなものだよ」

ピョコッ
ぺんたのねぐせも
「さいせいりょく」ぅぅ〜？

ぺんたのしっぽには、〝切《き》り取《と》り線《せん》〟が入《はい》ってないから大事《だいじ》にしなきゃぁ

しっぽの骨《ほね》には割《わ》れ目《め》の入《はい》った節《せつ》（脱離節《だつりせつ》）が並《なら》んでいます。その部《ぶ》分《ぶん》を、筋肉《きんにく》が綱引《つなひ》きをするように前後《ぜんご》に引《ひ》っ張《ぱ》ることで、切《き》り離《はな》すことができます。切《き》れたばかりのしっぽは、神経《しんけい》や細胞《さいぼう》が生《い》きているので10分《ぷん》ほど動《うご》き続《つづ》けます。再生《さいせい》したしっぽは、骨《ほね》でなく柔《やわ》らかい軟《なん》骨《こつ》が芯《しん》になります。再生《さいせい》するまでには25日から1年《ねん》ほどかかります。

DATA

住《す》んでいる場所《ばしょ》… 南極大陸《なんきょくたいりく》をのぞく全大陸《ぜんたいりく》

大《おお》きさ… 最大種《さいだいしゅ》はハナブトオオトカゲで最大全《さいだいぜん》長約《ちょうやく》475cm、最小種《さいしょうしゅ》はミクロヒメカメレオンで、最大全長約《さいだいぜんちょうやく》29mm

食《た》べ物《もの》… 野菜《やさい》、野草《やそう》、昆虫類《こんちゅうるい》（コオロギ、ゴキブリ、ミルワーム、ショウジョウバエなど）

分類《ぶんるい》… はちゅう類《るい》

デンキウナギの『ビリビリさせる』魔法《まほう》を使《つか》いたい！

「デンキウナギさんって、どうやってビリビリ電気《でんき》を出《だ》しているのおお？」

「ぼくの体《からだ》の9割《わり》は、電気《でんき》をつくるための器官《きかん》なの。**特《とく》別《べつ》な細胞《さいぼう》が約《やく》6000個並《なら》んでいて、たくさん電気《でんき》を生《う》み出《だ》せるんだよ**」

「どのくらいい？」

「600~800V《ボルト》。ふつうのおうちのコンセントの電《でん》

圧《あつ》は、100V《ボルト》だよ」

「す、す、すごいい！　いつ、電気《でんき》を出《だ》すのぉ？」

「敵《てき》を驚《おどろ》かせたり、エサをとったりする時《とき》。強《つよ》い電気《でんき》を出《だ》して、電気《でんき》ショックで感電《かんでん》させて、動《うご》きをにぶらせるの」

「そんなに強《つよ》い電気《でんき》を出《だ》して、自分《じぶん》は感電《かんでん》しないの？」

「うん。電気《でんき》をつくる器官《きかん》以《い》外《がい》の1割《わり》に、内臓《ないぞう》がギュッと集中《しゅうちゅう》しているんだけど、感電《かんでん》しにくい組織《そしき》におおわれているから大丈夫《だいじょうぶ》。ぼくのあごみたいな部分《ぶぶん》って、じつはおしりなんだ。しびれないように進化《しんか》して移動《いどう》したんだよ」

自分《じぶん》で電気《でんき》をつくれたらぁ、暗《くら》くてこわいときに、照《て》らしてあげられるねぇぇ

顔《かお》の下《した》に
おしりもってくれば
体《からだ》ビリビリできるんだ〜

デンキウナギの体内《たいない》の電気器官《でんききかん》には、特別《とくべつ》な細胞《さいぼう》（電気細胞《でんきさいぼう》）が約《やく》6000個《こ》もあり、「電気板《でんきばん》」として電池《でんち》の直《ちょく》列《れつ》つなぎのように並《なら》んでいます。そのため、電池《でんち》のように電気《でんき》を蓄《たくわ》えることができます。危険《きけん》を察知《さっち》した時《とき》などに、電気細胞《でんきさいぼう》を一斉《いっせい》に放電《ほうでん》させ、強《つよ》い電気《でんき》を発生《はっせい》させるというわけです。このような魚《さかな》は「強電気魚《きょうでんきぎょ》」と呼《よ》ばれ、ほかにデンキナマズ、シビレエイなどがいます。

DATA

住《す》んでいる場所《ばしょ》…南《みなみ》アメリカの川《かわ》
大《おお》きさ…2〜2.5ｍ
食《た》べ物《もの》…魚類《ぎょるい》、両生類《りょうせいるい》、鳥類《ちょうるい》、小《こ》型《がた》のほにゅう類《るい》
分《ぶん》類《るい》…魚類《ぎょるい》

カメレオンの『消《き》える』魔《ま》法《ほう》を使《つか》いたい!

「カメレオンさん、〝消《き》える魔《ま》法《ほう》〟を教《おし》えてぇえ」

「えっ、ぼく消《き》えてはいないよ。ただ、まわりの色《いろ》に体《からだ》の色《いろ》を合《あ》わせているだけ」

「そうなのぉ!? でも、それでもいいやぁ。だって、イタズラしほうだいでしょぉ」

「ぺ、ぺんたっ。それはダメだよっ。ねえカメレオンさん、どうやってるのか教《おし》えて」

小春《こはる》にくっついても色《いろ》が変《か》わらないなぁ〜
うして
かなっ?

DATA

住《す》んでいる場所《ばしょ》… アフリカ、マダガスカル島《とう》、インド、スペイン、アラビア半島《はんとう》など

大《おお》きさ… 2.9〜70cm

食《た》べ物《もの》… 昆虫類《こんちゅうるい》、クモ類《るい》、小型《こがた》のカエル類《るい》など

分《ぶん》　類《るい》… はちゅう類《るい》

「小春《こはる》ちゃん、ぼくのひふには、白《しろ》や赤《あか》、黄《き》、黒《くろ》などの〝色《いろ》のつぶ〟がたくさんあるの。そして、まわりの〝色《いろ》のつぶ〟がどんな風《ふう》に並《なら》んでいるかを感知《かんち》して、自分《じぶん》の〝色《いろ》のつぶ〟がいどうしたり、大《おお》きさや組《く》み合《あ》わせが変《か》わるようにできているの。それで見《み》た目《め》の色《いろ》が変《か》わるんだよ」

「じゃあ〝色《いろ》のつぶ〟がない私《わたし》たちにはムリかなっ」

「そうだね。隠《かく》れられるから敵《てき》におそわれにくくなるし、なかまに合図《あいず》も送《おく》れるから、とても便利《べんり》なんだけどね」

「色《いろ》でおしゃべりできるのね」

つぶつぶのついた服《ふく》を着《き》れば、ぺんたも魔法《まほう》が使《つか》えるかなぁぁ？

カメレオンの皮膚《ひふ》には「色素細胞《しきそさいぼう》」と呼《よ》ばれる色《いろ》の粒《つぶ》があります。それが集《あつ》まったり離《はな》れたり、位置《いち》が変《か》わることで目《め》に見《み》える皮膚《ひふ》の色《いろ》も異《こと》なってきます。また体調《たいちょう》や気温《きおん》の変化《へんか》、妊娠中《にんしんちゅう》などの理由《りゆう》で、色《いろ》が突《とつ》然《ぜん》変《か》わることも。オス同士《どうし》がメスをうばい合《あ》う時《とき》は、「より明《あか》るくなったほうが勝《か》ち」というルールがあり、負《ま》けたオスは色《いろ》を暗《くら》くして「負《ま》けた！」と宣言《せんげん》します。死《し》ぬと、みな灰色《はいいろ》になります。

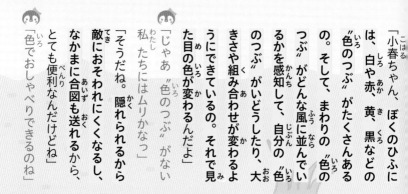

蚊《か》の『かゆくさせる』魔法《まほう》を使《つか》いたい！

「蚊《か》さんの〝かゆくさせる魔《ま》法《ほう》〟を教《おし》えてぇ。小春《こはる》にイタズラしたいのぉぉ～」

「私《わたし》たち蚊《か》のなかまは、産卵《さんらん》のために栄養《えいよう》が必要《ひつよう》だから、しかたなく血《ち》を吸《す》ってかゆくさせるのよ。子孫《しそん》を残《のこ》すのに必死《ひっし》なの！」

「ご、ごめん……でもぉ、ぺんた、〝かゆくさせる魔法《まほう》〟を使《つか》えるようになりたいぃ～」

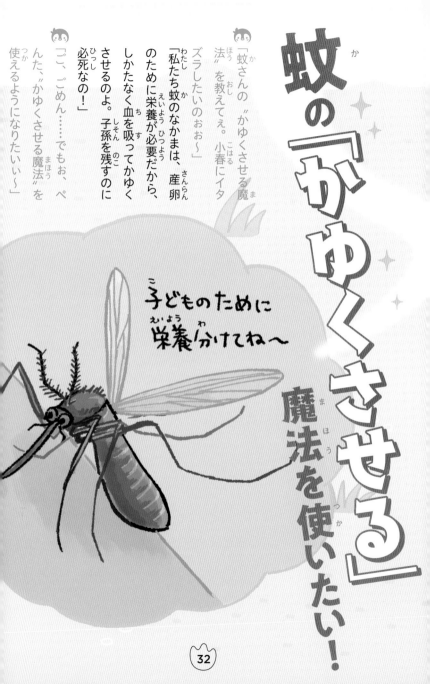

「じゃあ、やりかたを教《おし》えるよ。私《わたし》たちは、血《ち》を吸《す》うとき、つばをいっしょに出《だ》してるの。私《わたし》たちのつばには、人《ひと》の体《からだ》に入《はい》ると、体《からだ》がおどろいてかゆくなる成分《せいぶん》が入《はい》ってるの。だから、私《わたし》のつばをあげようか？　それをつけて相《あい》手《て》をさしてみれば？」

「人間《にんげん》にしかきかないの？」

「犬《いぬ》や亀《かめ》はさしたことあるけど、他《ほか》の動物《どうぶつ》がかゆいかどうかはわからないなぁ」

「小春《こはる》にもきくかなぁ～」

「ぺんたくんをさして、試《ため》してあげようか？」

「えっ」

きひひ、ぺんたがさしちゃいますよぉぉぉ～

ぺんたもミルクのんで
大《おお》きくなったよぉぉ

蚊《か》は世界《せかい》に3520種《しゅ》、日本《にほん》に112種確認《しゅかくにん》されています。「相手《あいて》にねらいをつけ、長《なが》い距離《きょり》を移動《いどう》するタイプ」（アカイエカなど）と、「待《ま》ち伏《ぶ》せして、さすタイプ」（ヤブカなど）に分《わ》かれます。ねらわれやすいのは、体温《たいおん》が高《たか》くなったり、汗《あせ》をかいたりしている人《ひと》やお酒《さけ》を飲《の》んだ後《あと》で、吐《は》く息《いき》の二酸化炭素《にさんかたんそ》の量《りょう》が増《ふ》えている人《ひと》、黒《くろ》い服《ふく》を着《き》た人《ひと》です。日本脳炎《にほんのうえん》などの病気《びょうき》も運《はこ》んでくるので、注意《ちゅうい》が必要《ひつよう》です。

DATA

住《す》んでいる場所《ばしょ》… 東《ひがし》アジアの温帯地方《おんたいちほう》、日《に》本《ほん》では北海道《ほっかいどう》・本州《ほんしゅう》・四国《しこく》・九州《きゅうしゅう》
大《おお》きさ… 5.5mm
食《た》べ物《もの》… 樹液《じゅえき》、花《はな》の蜜《みつ》
分《ぶん》類《るい》… 昆虫類《こんちゅうるい》
（※アカイエカの場合《ばあい》）

おたまじゃくしの『変身《へんしん》』の魔法を使いたい！

「おたまじゃくしさんは、どうやってかえるになるの？」

「手足《てあし》が生《は》えて、しっぽがなくなって、えら呼吸《こきゅう》から肺呼吸《はいこきゅう》に切《き》り替《か》わるんだよ！」

「ぺんたもそれくらい、大変《だいへん》身《しん》してみたいよぉぉ」

「でも、けっこう大変《たいへん》だよ。体《からだ》の全部《ぜんぶ》をつくりかえるんだから」

「自分《じぶん》の力《ちから》で変身《へんしん》をがんばっ

街中《まちなか》での大合唱《だいがっしょう》は程々《ほどほど》に！
はじめての陸
左側通行《ひだりがわつうこう》

オタマジャクシがカエルになる時《とき》の変化《へんか》は、尾《お》の消失《しょうしつ》や四肢《しし》の発生《はっせい》だけではありません。脳《のう》や神経系《しんけいけい》、消化《しょうか》器系《きけい》、呼吸器系《こきゅうきけい》など、ほぼ全《すべ》ての器官《きかん》が新規《しんき》に作《つく》られたり、退縮《たいしゅく》したりします。変態《へんたい》の進行《しんこう》は「甲状腺《こうじょうせん》ホルモン」「副腎皮質《ふくじんひしつ》ホルモン」、脳《のう》で分泌《ぶんぴつ》される「プロラクチン」によって調整《ちょうせい》されます。尾《お》が消《き》える理由《りゆう》は「体内《たいない》で異物《いぶつ》と認識《にんしき》され、免疫反応《めんえきはんのう》によって拒絶《きょぜつ》されるから」と考《かんが》えられています。

てるのぉお?」

「いや、ある時期《じき》になると、頭《あたま》や体《からだ》のなかに、なにかがドパーッて出《で》るんだよね。**ホルモンって呼《よ》ぶらしいんだけど、それが体《からだ》に『変化《へんか》しろよ』ってせかしてくれるみたい**」

「小春《こはる》に『変化《へんか》しなよっ』って毎日《まいにち》言ってもらおうかなぁ」

「あっ、しっぽが消《き》える理由《りゆう》はわかってる。ある時期《じき》急《きゅう》に、体《からだ》がしっぽのことを『自《じ》分《ぶん》じゃない』って感《かん》じるようになって、『消《き》えちゃえ』って思《おも》うんだ。それで、しっぽが『わかった』って消《き》えるの」

「し、しっぽさぁん……」

変身《へんしん》したら、新《あたら》しいことをたくさん覚《おぼ》えないといけないねぇ

幼生《ようせい》の皆《みな》さ
他《ほか》には
おやつは300えんまでぇ～
はる
はるまき おいしい
かけこみ乗車《じょうしゃ》は危険《きけん》です

DATA

住《す》んでいる場所《ばしょ》… 南極大陸《なんきょくたいりく》と北極圏《ほっきょくけん》をのぞく世界中《せかいじゅう》の水辺《みずべ》
大《おお》きさ… 1㎝以下《いか》～25㎝（最小《さいしょう》で新種《しんしゅ》のカエル「*Microhyla nepenthicola*」～オタマジャクシの最大種《さいだいしゅ》「アベコベガエル」）
食《た》べ物《もの》… 藻類《そうるい》、水底《みずぞこ》に沈殿《ちんでん》したコケ、プランクトン、小魚《こざかな》の死骸《しがい》など
分《ぶん》　類《るい》… 両生類《りょうせいるい》

ツマジロスカシマダラの「透明《とうめい》になる」魔法《まほう》を使《つか》いたい！

ぺんたも
羽毛《うもう》全部《ぜんぶ》ぬいたら？
ハダカは
さむそぅぅ～
ハダカスカシぺんた

「透明《とうめい》になったら、誰《だれ》にも気《き》づかれずに、おいしいものが食《た》べ放題《ほうだい》なのにぃぃ」

「うふふ、ぺんたくん。その通《とお》り。敵《てき》にはうんと見《み》つかりにくくなるわよ。私《わたし》の羽《はね》って、完全《かんぜん》な透明《とうめい》じゃないの。黒《くろ》いふちどりがあるんだけれど、ひらひら動《うご》かしたり、光《ひかり》が当《あ》たったりすると、ちがう色《いろ》に見《み》えたりしてまわりの景色《けしき》になじむのよね」

「いいなあ。その魔法《まほう》って、ぺんたにはムリだよねぇ？」

「体中《からだじゅう》をたくさんの鏡《かがみ》でおおってみたら？ 自分《じぶん》の体《からだ》の本当《ほんとう》の色《いろ》を消《け》せるわ。じつは私《わたし》、『小《ちい》さな鏡《かがみ》』っていうあだ名《な》でよばれているのよ。もしくは毛《け》をぬいてみるとか」

「えっ？ 毛《け》のないペンギンなんてこまるよぉお」

「本当《ほんとう》にこまるの？ 私《わたし》も、透明《とうめい》になるために、チョウの羽《はね》にある粉《こな》、『鱗粉《りんぷん》』をあきらめたの。羽《はね》が水《みず》をはじけなくなるか心配《しんぱい》だったけれど、意外《いがい》と平気《へいき》よ」

毛《け》をぬいてみてぇ、透明《とうめい》にならなかったらどうしよぉぉ～

透明《とうめい》になることで、敵《てき》から身《み》を隠《かく》すチョウ。羽《はね》に「鱗粉《りんぷん》」がないため、透明《とうめい》もしくは半《はん》透明《とうめい》に見《み》えるといわれています。外国《がいこく》では「グラス・ウィング・バタフライ」（Glass Wing Butterfly・ガラスの羽《はね》の蝶《ちょう》）と呼《よ》ばれ、その美《うつく》しさが注目《ちゅうもく》を集《あつ》めています。繊細《せんさい》そうな作《つく》りに見《み》えますが、実《じつ》はタフ。自分《じぶん》の体重《たいじゅう》の約《やく》40倍《ばい》の重《おも》さのものを運《はこ》べる力持《ちからも》ちです。また、食《た》べた鳥《とり》が嘔吐《おうと》するほどの毒《どく》を、幼虫《ようちゅう》の頃《ころ》から持《も》っています。

DATA

住《す》んでいる場所《ばしょ》… 中南米《ちゅうなんべい》（メキシコ・パナマ・コロンビア・コスタリカなど）からアメリカにかけて
大《おお》きさ… 6cm（翼開長《よくかいちょう》）
食《た》べ物《もの》… 花《はな》の蜜《みつ》
分《ぶん》類《るい》… 昆虫類《こんちゅうるい》

うさぎの『雪《ゆき》に沈《しず》まない』魔《ま》法《ほう》を使《つか》いたい！

「うさぎさぁあん。まってぇ。なんで雪《ゆき》の上《うえ》を走《はし》っても沈《しず》まないのぉ？」

「ぼくはね、足《あし》が速《はや》いんだよ。最高《さいこう》時速《じそく》は80㎞。ライオンやトラでも時速《じそく》60㎞、陸上短距離選手《りくじょうたんきょりせんしゅ》のウサイン・ボルト選手《せんしゅ》は100mを時速《じそく》36.5㎞で走《はし》るから、ぼくたちは誰《だれ》よりも速《はや》く走《はし》ってるの」

ズズ…
ぺんたたちも
雪《ゆき》の上《うえ》は歩《ある》きにくいのぉぉ～

走《はし》ってるというより、ピョンピョンはねてたんだぁ

「速《はや》く走《はし》れば沈《しず》まないの？」

「速《はや》く『走《はし》る』だけじゃなくて、『はねる』ことをめざすの。4本《ほん》の足《あし》を交互《こうご》に動《うご》かして歩《ある》くんじゃなくて、後《うし》ろ足《あし》をそろえてばねのように使《つか》って、ジャンプするといいよ」

「雪《ゆき》の上《うえ》でもはねてるんだねぇ～！」

「ユキウサギとか、時速《じそく》60㎞以上《いじょう》で〝はねる〟ホッキョクウサギは、前足《まえあし》も後《うし》ろ足《あし》も、雪《ゆき》にうもれないよう、長《なが》く発達《はったつ》してるみたいだよ。あと、筋肉《きんにく》ムキムキなんだ」

「ぺんたも筋肉《きんにく》ムキムキになりたぁあい」

野生《やせい》のうさぎは下半身《かはんしん》が発達《はったつ》しているうえ、瞬発力《しゅんぱつりょく》にも持久力《じきゅうりょく》にも秀《ひい》でています（ペット種《しゅ》とは身体能力《しんたいのうりょく》が全《まった》く異《こと》なります）。敵《てき》にみつかりやすい草原《そうげん》などに住《す》んでいるため、敵《てき》からすぐ逃《に》げられるよう「速《はや》く跳《は》ねる能力《のうりょく》」が発達《はったつ》せざるをえなかったのです。地面《じめん》を足裏《あしうら》でしっかりとらえられるよう、ほとんどの種《しゅ》には肉球《にくきゅう》がありません。素早《すばや》く動《うご》ける一方《いっぽう》で、骨《ほね》は軽《かる》く骨折《こっせつ》しやすいといわれています。

DATA

住《す》んでいる場所《ばしょ》… 南極大陸《なんきょくたいりく》や一部《いちぶ》の離島《りとう》をのぞく世界中《せかいじゅう》の陸地《りくち》
大《おお》きさ… 26～76㎝（最小種《さいしょうしゅ》「ネザーランドドワーフ」～最大種《さいだいしゅ》「ヤブノウサギ」）
食《た》べ物《もの》… 牧草《ぼくそう》、野草《やそう》、樹皮《じゅひ》など（野生《やせい》の場合《ばあい》。飼育下《しいくか》では、干《ほ》し草《くさ》、野菜類《やさいるい》やペレット〔人工的《じんこうてき》な配合餌《はいごうえさ》のこと〕など）
分類《ぶんるい》… ほにゅう類《るい》

ハリセンボンの『とげとげ』の魔法《まほう》を使《つか》いたい！

「ハリセンボンさんって、とげとげになれるじゃない？」

「うん。**1秒《びょう》でボールみたいにふくらんで、とげを立《た》てられるよ**。だから**敵《てき》が少《すく》ない**の。大《おお》きな魚《さかな》に飲《の》みこまれちゃったら仕方《しかた》ないけど」

「その魔法《まほう》、教《おし》えてぇぇ」

「うん、ぺんたくんはおなかがぽんぽこりんだし、とげさえあれば、魔法《まほう》が使《つか》えるかも」

ハリセンボンのとげは400本前後《ぼんぜんご》。通《つう》常《じょう》、とげは寝《ね》ていますが、敵《てき》に襲《おそ》われると口《くち》から空気《くうき》や水《みず》を吸《す》いこんで、ボールのようにふくらみ、全身《ぜんしん》のとげをピンと立《た》てます。ハリセンボンは、毒《どく》をもつ「ふぐ」と同《おな》じ「フグ目《もく》」の魚《さかな》です。でも毒《どく》をもたないため、とげで体《からだ》を守《まも》るというわけです。人《ひと》は、ハリセンボンのとげを抜《ぬ》き、その身《み》や肝《きも》を食《た》べたり、皮《かわ》を「ちょうちん」として利用《りよう》したりしています。

DATA

住《す》んでいる場所《ばしょ》… 世界各地《せかいかくち》の暖海《だんかい》
大《おお》きさ… 30 ～ 50cm
食《た》べ物《もの》… 甲殻類《こうかくるい》（カニ・エビ）や貝類《かいるい》、魚《ぎょ》類《るい》
分《ぶん》類《るい》… 魚類《ぎょるい》

「ヤッタヤッタ！　とげは何《なん》本《ぼん》あればいいのぉ？」

「うーん、350本《ぼん》くらい？」

「えっ、お名前《なまえ》どおり、ハリ1000本《ぼん》じゃないの？」

「うん。ごめん……。あのねぼくの〝とげ〟って、もともとはうろこだったの」

「そっかぁ、お名前《なまえ》どおりじゃないこともあるんだねぇ。じゃあぺんたもぉ、ハリセンボンさんとは違《ちが》う工夫《くふう》をしてみようかなぁ」

「じゃあ、お花《はな》を1000本《ぼん》、さすのはどう？　小春《こはる》ちゃんがよろこんでくれそう」

「ハナセンボンだねぇ！」

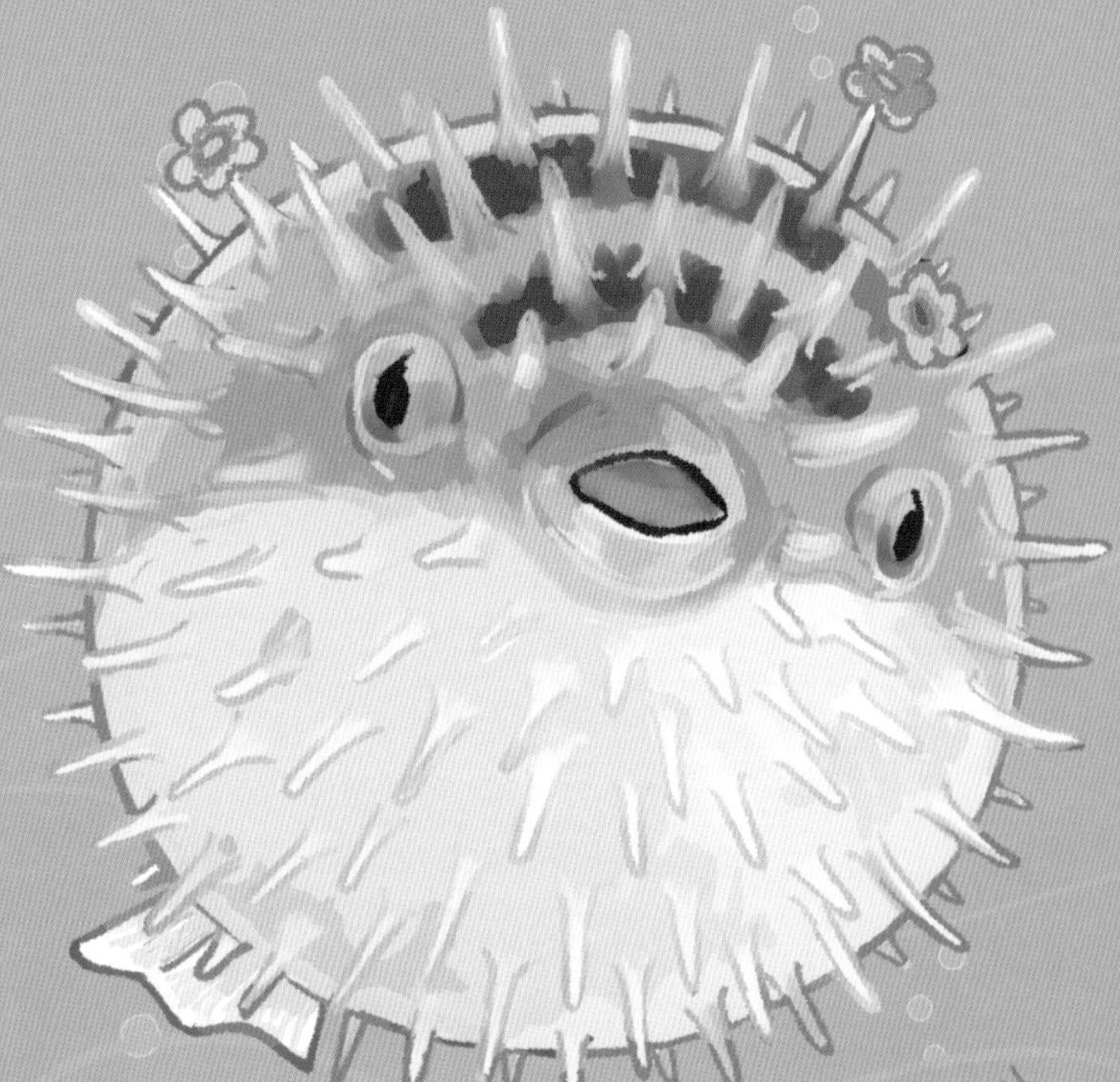
あのぉ〜
針《はり》千《せん》本《ぼん》ってのハッタリなんですけどぉ〜

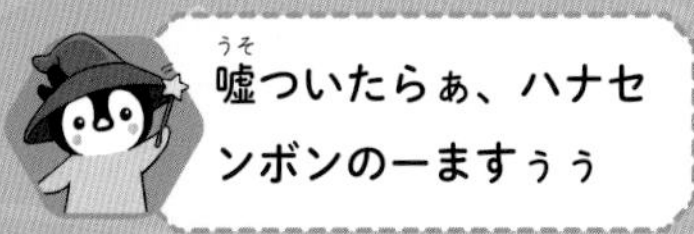
嘘《うそ》ついたらぁ、ハナセンボンのーますぅぅ

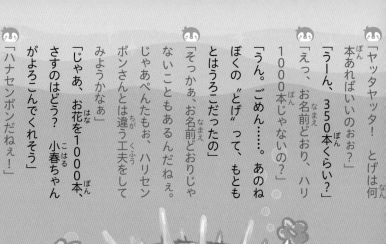

ジャコウジカの『モテる』魔法《まほう》を使《つか》いたい！

「ジャコウジカさんって〝モチモチ〟だってうわさを聞《き》いたよぉお」

「〝モチモチ〟じゃなくて、〝モテモテ〟じゃないの？」

「それだよぉお！　ぺんたもモテモテになりたいの」

「ぺんたくん、モテるって意《い》味《み》、わかってる？」

「人気者《にんきもの》ってことぉ？」

「そう。とくにメスにね」

甘《あま》いムスクでギャルもメロメロさ…
いい香《かお》りだねっ

「どうしたらモテるのぉ？」

「秘密《ひみつ》は〝におい〟にあるんだよ。ぼくね、**おへその下《した》からモテるにおいがでるの。**だからみんな寄《よ》ってきちゃうんだよね。**人間《にんげん》も僕《ぼく》たちのにおいで『ムスク』っていう超《ちょう》人気《にんき》の香水《こうすい》を作《つく》ってるよ**」

「そのにおい、わけてえぇ」

「じゃあ、とっていいよ。ぷちゅっと出《で》てないか、ぼくのおなかを見《み》てごらん」

「えっ、いいのおお？」

「うん。ぺんたくんにだけ、特別《とくべつ》だよ。今日《きょう》1日《にち》はこれでモテモテじゃん！」

「でへへへへええぇ！」

ぺんたもメロン
たくさんもってたーい！
きゃっ
きゃっ

ふぁるまきのにおいの方《ほう》が
モテるんじゃないかなぁ？

※ぺんたは春巻《はるま》きのことを“ふぁるまき”と言《い》っています

ジャコウジカのオスは生殖器《せいしょくき》とへその間《あいだ》に「麝香腺《じゃこうせん》」をもち、分泌液《ぶんぴつえき》を出《だ》します。それを乾燥《かんそう》させたものが「麝香《じゃこう》」（英語名《えいごめい》：ムスク）です。古《ふる》くから人間《にんげん》は、麝香《じゃこう》を薬《くすり》や香料《こうりょう》として利用《りよう》してきました。ただ、そのために乱獲《らんかく》が続《つづ》き、現在《げんざい》ではワシントン条約《じょうやく》などで取引《とりひき》が制限《せいげん》されています。かわりに、化学的《かがくてき》に合成《ごうせい》された「ムスク」が用《もち》いられています。

DATA

住《す》んでいる場所《ばしょ》…中央《ちゅうおう》アジア、中国《ちゅうごく》、朝鮮半島《ちょうせんはんとう》、シベリア
大《おお》きさ…1m
食《た》べ物《もの》…葉《は》、花《はな》、草《くさ》、苔《こけ》、地衣類《ちいるい》など
分《ぶん》　類《るい》…ほにゅう類《るい》

馬《うま》の『速《はや》く走《はし》る』魔法《まほう》を使《つか》いたい！

「馬《うま》さん、どうしてそんなに速《はや》くたくさん走《はし》れるのぉ？」

「簡単《かんたん》だよ。4本《ほん》の足《あし》をいかして2種類《しゅるい》の走《はし》り方《かた》を使《つか》い分《わ》けてるからね。スタートしたあとの10秒間《びょうかん》は、背中《せなか》を曲《ま》げて、スピードを上《あ》げる走《はし》り方《かた》をするの。そのあと、安定《あんてい》して疲《つか》れにくい走《はし》り方《かた》に変《か》えるの。すると時速《じそく》70㎞で5㎞、バテずに走《はし》ることができるんだ」

「ぺんたもマネすりゅう！」

「4本足《ほんあし》じゃないとむずかしいかもなぁ。あっ、足《あし》を長《なが》くしてみたらどう？　歩幅《ほはば》が大《おお》きくなるから、長《なが》いきょりが速《はや》く走《はし》れるよ」

「わかったぁ！　ぺんた、竹馬《たけうま》にのってみりゅう！」

「あと、心臓《しんぞう》もポイントだよ。馬《うま》の心臓《しんぞう》は5000g、人間《にんげん》の心臓《しんぞう》の20倍《ばい》もあるの。だから、走《はし》り終《お》わると、ドキドキがすぐおさまるんだよ」

「心臓《しんぞう》って、どうやったら大《おお》きくできるんだろぉ」

「うーん……」

4本足《ほんあし》にしてぇ、足《あし》を長《なが》くしてぇ、心臓《しんぞう》を大《おお》きくするのかぁ……

馬《うま》は、「回転襲歩《かいてんしゅうほ》」という走《はし》り方《かた》と、「交叉襲歩《こうさしゅうほ》」という走《はし》り方《かた》を使《つか》い分《わ》けます。「左《ひだり》後《うしろ》→右後《みぎうしろ》→右前《みぎまえ》→左前《ひだりまえ》」の順《じゅん》に脚《あし》を使《つか》う走《はし》り方《かた》が「回転襲歩《かいてんしゅうほ》」。非常《ひじょう》にスピードが出《で》ますが、疲労《ひろう》しやすく、長《なが》くは続《つづ》けられません。そのあと、「左後《ひだりうしろ》→右後《みぎうしろ》→左前《ひだりまえ》→右《みぎ》前《まえ》」の順《じゅん》に脚《あし》を使《つか》う走《はし》り方《かた》が「交叉襲歩《こうさしゅうほ》」です。背中《せなか》の位置《いち》を安定《あんてい》させて走《はし》るので、少《すく》ない疲労《ひろう》で効率《こうりつ》よく走《はし》ることができます。

DATA

住《す》んでいる場所《ばしょ》…南極《なんきょく》と北極《ほっきょく》以外《いがい》の世界中《せかいじゅう》（家畜《かちく》含《ふく》む）
大《おお》きさ…2〜3ｍ
食《た》べ物《もの》…乾草《ほしくさ》、笹《ささ》の葉《は》、切《き》りわら、タンポポなどの花《はな》、リンゴ、角砂糖《かくざとう》、大豆《だいず》など
分類《ぶんるい》…ほにゅう類《るい》

ウォンバットの『四角《しかく》いウンチをする』魔法《まほう》を使《つか》いたい！

「ウォンバットさんのウンチって、なぜサイコロみたいな形《かたち》なの？ もしかしてお尻《しり》の穴《あな》が四角《しかく》いとか？」

「いや、お尻《しり》の穴《あな》は丸《まる》いよ」

「じゃあどうして？ ぺんたも四角《しかく》いウンチを出《だ》してみたいよお」

「うーん。腸《ちょう》が特別《とくべつ》なんだと思《おも》う。ぼくの腸《ちょう》、エサをウンチにして外《そと》に出《だ》すまでに14〜

かわいたところで、草《くさ》ばっかり食《た》べていたら、四角《しかく》いウンチが出《で》てくれるかなぁ

視力《しりょく》がよくないウォンバットは、縄張《なわば》りのマーキングをするために、糞《ふん》を積《つ》み上《あ》げます。そのため、サイコロ型《がた》の糞《ふん》だと好都合《こうつごう》なのです。ただ、どのように腸《ちょう》の中《なか》で糞《ふん》が成形《せいけい》されるのか、その仕組《しく》みはよくわかっていません。「飼育下《しいくか》で水分《すいぶん》を十分《じゅうぶん》補給《ほきゅう》しているウォンバットの糞《ふん》は、それほど四角《しかく》くない」という報告《ほうこく》があることから「本来《ほんらい》の生息地《せいそくち》である乾燥《かんそう》した環境《かんきょう》が影響《えいきょう》している」という見方《みかた》もあります。

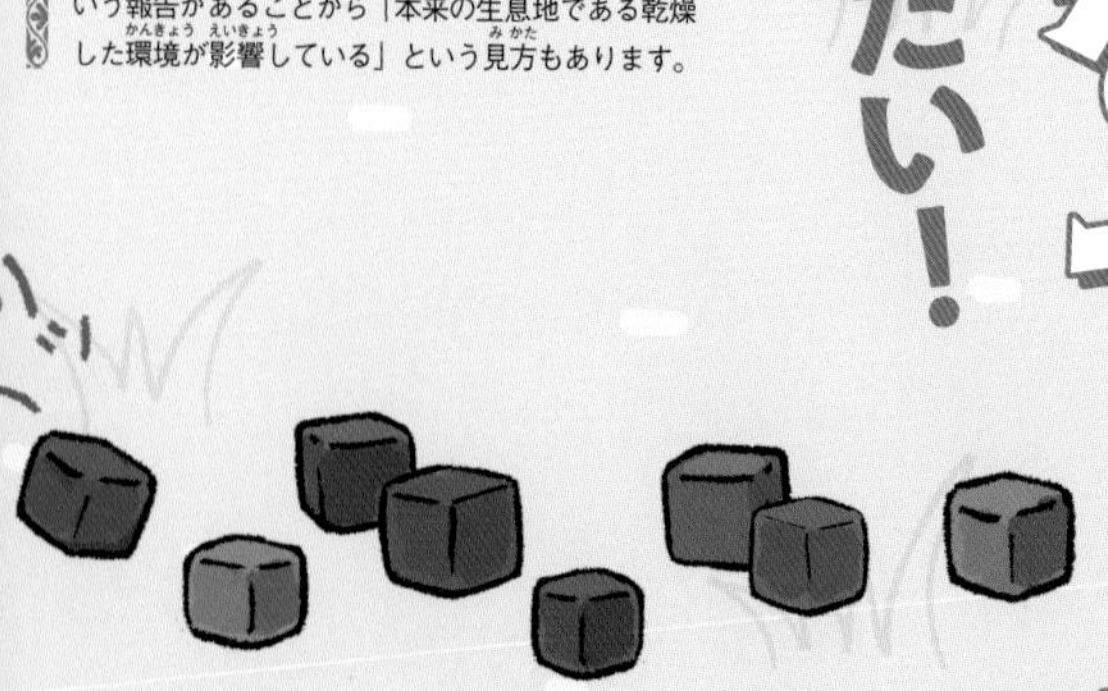

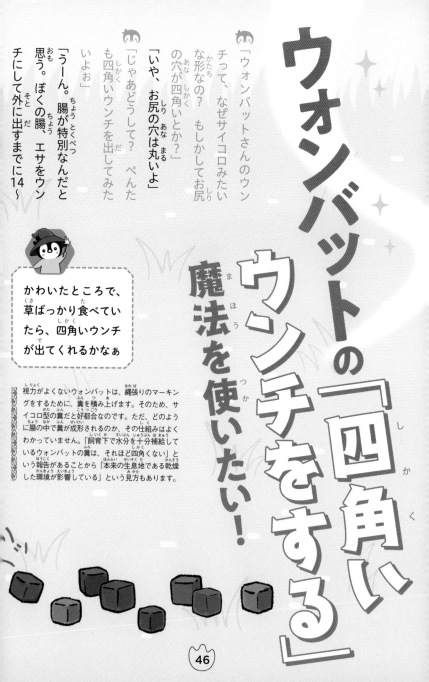

18日《にち》もかかっちゃうの。その間《あいだ》、ウンチはおなかの中《なか》でギュギュッとまとめられていって、最後《さいご》にサイコロみたいになるらしい」

「時間《じかん》がかかるんだぁ」

「あと、腸《ちょう》の長《なが》さが30ｍあるんだけれど、場所《ばしょ》によって伸《の》びやすさがぜんぜん違《ちが》うの。サイコロみたいな角《かど》ができるのは、最後《さいご》の数《すう》ｍのところ」

「何《なに》を食《た》べてるのぉ？」

「草《くさ》をよく食《た》べるよ。ぼくのウンチって、パサパサに乾《かわ》いてるの。そして繊維《せんい》がいっぱい。だから、サイコロみたいな形《かたち》が長続《ながつづ》きするんだと思《おも》うよ」

DATA

住《す》んでいる場所《ばしょ》… オーストラリアのタスマニア島《とう》
大《おお》きさ… 70 ～ 120㎝
食《た》べ物《もの》… 草《くさ》、木《き》の根《ね》、樹皮《じゅひ》、キノコなど
分《ぶん》　類《るい》… ほにゅう類《るい》

しかくいウンチをイメージするんだ!!
フウ〜〜ンッ
う〜ん
う〜ん
ピュッ

りすの『ごはんを運《はこ》ぶ』魔《ま》法《ほう》を使《つか》いたい！

「りすさんって、いつもおいしいものを持《も》ってる気《き》がすりゅう！　いいなぁ」

「ぼくは、巣《す》にいっぱい食《た》べ物《もの》がないと不安《ふあん》になるの。だから毎日《まいにち》、えさを探《さが》して巣《す》に持《も》ち帰《かえ》ってためてるの。秋《あき》になると、もっと大変《たいへん》。寒《さむ》くなると冬眠《とうみん》するでしょ？　いつもの何倍《なんばい》もえさをためこまなきゃいけないんだ」

DATA

住《す》んでいる場所《ばしょ》…　オーストラリア・南極《なんきょく》・ポリネシア・マダガスカル島《とう》・南《みなみ》アメリカ大陸《たいりく》南部《なんぶ》・一部《いちぶ》の砂漠《さばく》をのぞく世界中《せかいじゅう》

大《おお》きさ…　約《やく》13cm〜約《やく》1m

食《た》べ物《もの》…　木《き》の実《み》、果実《かじつ》、花《はな》、葉《は》、根《ね》、種《たね》、樹皮《じゅひ》、樹《じゅ》液《えき》など

分《ぶん》類《るい》…　ほにゅう類《るい》

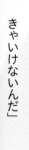

「だから、いつもおててに何《なに》か持《も》ってるんだね」

「手《て》だけじゃなく口《くち》の中《なか》もかばんみたいに使《つか》えるの」

「どういうことぉお？」

「**顔《かお》に『頬袋《ほおぶくろ》』っていう袋《ふくろ》がついていて、そこはつばが出《で》なくて乾《かわ》いているの。だから、ものをぬらさずに持《も》ち運《はこ》べる**の。左右《さゆう》の頬袋《ほおぶくろ》に、どんぐりが3個《こ》ずつ入《はい》るんだよ」

「きゃあきゃあ、すごい！」

「ぺんたくんも、大人《おとな》になると、胃《い》の中《なか》にお魚《さかな》さんをためておけるようになるよ」

「そ、そ、そうなのぉ？　ぺんたも魔法使《まほうつか》いだったんだあ」

ヤッタヤッタ！　ぺんたにも使《つか》える魔法《まほう》があったよぉ～！

リスは、昆虫《こんちゅう》や木《き》の実《み》などのえさを、頬袋《ほおぶくろ》に詰《つ》め込《こ》み、巣《す》に運《はこ》んで蓄《たくわ》えます。種類《しゅるい》にもよりますが、頬《ほお》袋《ぶくろ》が伸《の》びきると、体長《たいちょう》と同《おな》じくらいのサイズになることもあります。内部《ないぶ》には細《こま》かいひだが付《つ》いていて、ものがこぼれにくい構造《こうぞう》になっています。ただし、敵《てき》に出会《であ》って逃《に》げる時《とき》は、頬袋《ほおぶくろ》の中《なか》のものを素早《すばや》く捨《す》てて、身軽《みがる》になって逃《に》げます。頬袋《ほおぶくろ》の機能《きのう》は、カモノハシやコアラ、サルの仲間《なかま》にも見《み》られます。

トビウオの『空《そら》とぶ』魔《ま》法《ほう》を使《つか》いたい！

「お空《そら》をとびたいよぉぉ。ぺんた、鳥《とり》なのにとべないのぉ」

「ぼくはとびたくってとんでるんじゃないよ。**大《おお》きな魚《さかな》に食《た》べられそうになった時《とき》、にげるためにとんでるだけ**」

「大変《たいへん》なんだねえ。でも、とび方《かた》だけ、教《おし》えてよぉぉ」

「まず、ダイエットすること。ぼくは**体脂肪率《たいしぼうりつ》を1％にま**

ぺんたもチャレンジぃぃぃ〜！
とうっ
ぺんたにはまだはやいよっ

トビウオは大《おお》きな「胸《むな》びれ」と、それより小《ちい》さい「腹《はら》びれ」でグライダーのように滑空《かっくう》して飛《と》びます。また「尾《お》びれ」で水《みず》をかいて飛《と》び立《た》ったり、着水《ちゃくすい》しそうになった時《とき》は水面《すいめん》をたたいたりします。波《なみ》のてっぺんから飛《と》び立《た》つのも、ポイント。少《すこ》しでも高《たか》いところから飛《と》び立《た》つことで、上昇気《じょうしょうき》流《りゅう》に乗《の》りやすくなるのです。また電子顕微《でんしけんび》鏡《きょう》で見《み》ると骨《ほね》がスカスカ。そのため身《み》が軽《かる》く、長距離《ちょうきょり》を飛《と》べるのです。

DATA

住《す》んでいる場所《ばしょ》… 世界中《せかいじゅう》の温暖《おんだん》な海域《かいいき》
大《おお》きさ… 35〜50㎝
食《た》べ物《もの》… オキアミなどの動物《どうぶつ》プランクトン
分《ぶん》類《るい》… 魚類《ぎょるい》

で落《お》としたよ。あと、食事《しょくじ》のメニューは動物《どうぶつ》プランクトンだけって決《き》めたの。魚《さかな》を食《た》べると体《からだ》が重《おも》くなるからね。そのかわり胃《い》はいらなくなったし、消化管《しょうかかん》も短《みじか》くできた。やっぱり体《からだ》が軽《かる》くないとね」

「その羽《はね》にも秘密《ひみつ》がある？」

「羽《はね》も大事《だいじ》だよ。特《とく》に形《かたち》。**横《よこ》に広《ひろ》くて、グライダーみたいな形《かたち》**でしょ？ **これが空気《くうき》を受《う》けて、空中《くうちゅう》にとどまりやすくする**秘密《ひみつ》なの」

「ぺんた、羽《はね》つけてみる！」

「ダイエットもしてね」

「う、うん……」

どれだけとべるかっ
新記録《しんきろく》にチャレンジッ!!

トビウオさんが、そんなにダイエットしてたなんて知《し》らなかったよぉぉ～

クジラの『潮《しお》をふく』魔法《まほう》を使《つか》いたい！

「クジラさん、〝潮《しお》をふく魔法《まほう》〟を教《おし》えて？」

「小春《こはる》ちゃん、なぜだい？」

「だって、いつでも虹《にじ》をつくれるでしょ？」

「ええ～？　お水《みず》でいたずらするんじゃないのぉぉ」

「そんなの、ぺんただけよ！」

「まあまあ落《お》ち着《つ》いて。誰《だれ》でもできることだから。えっとね、海《うみ》にもぐったあと、海《かい》

クジラが、肺《はい》に溜《た》まった空気《くうき》を鼻《はな》から外《そと》に出《だ》すことを「噴気《ふんき》」と呼《よ》びます。これが、いわゆる「潮吹《しおふ》き」ですが、「鼻息《はないき》」と同《おな》じことです。クジラは海上《かいじょう》で呼吸《こきゅう》がしやすいように、鼻《はな》が頭《あたま》のてっぺんについています。そのため、海面《かいめん》から頭《あたま》をちょっと出《だ》すだけで呼吸《こきゅう》ができます。3200ｍもの深《ふか》さまでもぐるマッコウクジラの場合《ばあい》、１回息《かいいき》つぎをするだけで、１時間以上《じかんいじょう》も泳《およ》ぎ続《つづ》けることができます。

DATA

住《す》んでいる場所《ばしょ》…世界中《せかいじゅう》の海《うみ》（南極《なんきょく》や北《ほっ》極《きょく》の近《ちか》くにもいる）

大《おお》きさ…４～34ｍ

食《た》べ物《もの》…魚類《ぎょるい》、イカ、プランクトンなど

分類《ぶんるい》…ほにゅう類《るい》

面《めん》で鼻《はな》で息《いき》つぎしてるだけ」

「えええ、海《うみ》のなかを泳《およ》いでいる時《とき》に飲《の》み込《こ》んだ海水《かいすい》を吐《は》いてるんじゃないのぉ？」
「それ、よく間違《まちが》われるの。ぼく、ほにゅう類《るい》だから、海《うみ》のなかで息《いき》を止《と》めているでしょ。それで体《からだ》が大《おお》きいから、息《いき》つぎをする時《とき》の空気《くうき》の量《りょう》が、ものすごく多《おお》くなるの」

「ペンギンの何十倍《なんじゅうばい》も大《おお》きいクジラさん。息《いき》つぎの空気《くうき》の量《りょう》も数十倍《すうじゅうばい》よねぇ」
「だからまわりの海水《かいすい》もいっしょに吹《ふ》き上《あ》げられて水《みず》の柱《はしら》みたいに見《み》えるわけ」

「そうだったんだぁ〜！」

ぺんたっ
大丈夫《だいじょうぶ》っ？
おぼれたぁぁ〜
ぶふっ
ぺんたがしおふいてる〜!!
グフフ…

セイウチの『暗《くら》くても見《み》える』魔《ま》法《ほう》を使《つか》いたい！

「セイウチさんって、暗《くら》い海《うみ》の底《そこ》で、どうやってえさを探《さが》してるの？ 魔法《まほう》を使《つか》ってるんでしょお？」

「実《じつ》はね、ひげに頼《たよ》ってるんだよ。僕《ぼく》のひげは、人間《にんげん》のおててみたいに、感覚《かんかく》が鋭《するど》いの」

「そうなのぉ？」

「でもひげの本数《ほんすう》は人間《にんげん》の手《て》の指《ゆび》よりうんと多《おお》いよ。全部《ぜんぶ》で440本《ぽん》もあるんだ」

「きゃあきゃあ！　すごい」

「1本《ぽん》1本《ぽん》は細《ほそ》いけどね」

「でも、かたそうだよぉお。さわっていい？」

「どうぞ」

「ゆでる前《まえ》のスパゲッティの麺《めん》みたいぃぃ。でもけっこう曲《ま》がるねぇ〜」

「ちょっと！　抜《ぬ》かないでね。抜《ぬ》くと毛穴《けあな》からばいきんが入《はい》って病気《びょうき》になるから」

「ごめぇえん、わかったよぉ」

「ひげを使《つか》って、1回《かい》の食事《しょくじ》で3000〜6000個《こ》の貝《かい》を探《さが》して食《た》べるよ。貝《かい》のすき間《ま》から身《み》を吸《す》い出《だ》すの」

「べんりなおひげだねぇ〜」

DATA

住《す》んでいる場所《ばしょ》…北極海《ほっきょくかい》、アラスカ、シベリア、グリーンランドの海《うみ》

大《おお》きさ…2〜3.8m

食《た》べ物《もの》…エビやカニなどの甲殻類《こうかくるい》、タコなどの軟体生物《なんたいせいぶつ》、ゴカイなどの底生《ていせい》生物《せいぶつ》、魚類《ぎょるい》、貝類《かいるい》

分《ぶん》　類《るい》…ほにゅう類《るい》

セイウチのひげは「触毛《しょくもう》」といい、子《こ》どもの時《とき》から生《は》えています。直径《ちょっけい》1.5〜2mmで、硬《かた》さはスパゲッティの乾麺《かんめん》を少《すこ》し柔《やわ》らかくしたくらい。ひげの根元《ねもと》には血液《けつえき》が流《なが》れていて、高性能《こうせいのう》な探知機《たんちき》のように使《つか》うことができます。海底《かいてい》でえさを探《さが》すだけではなく、何《なに》かを触《さわ》って探《さぐ》りたい時《とき》にはひげで確認《かくにん》をしています。「ひげで6mm四方《しほう》のものを探《さが》し当《あ》てることができる」という実《じっ》験結果《けんけっか》もあります。

ぺんたもおひげを生《は》やして、ごはんを探《さが》すよぉぉ

ベニクラゲの「死《し》なない」魔法《まほう》を使《つか》いたい!

一度《いちど》大人《おとな》にならないと
若返《わかがえ》りできないんだ

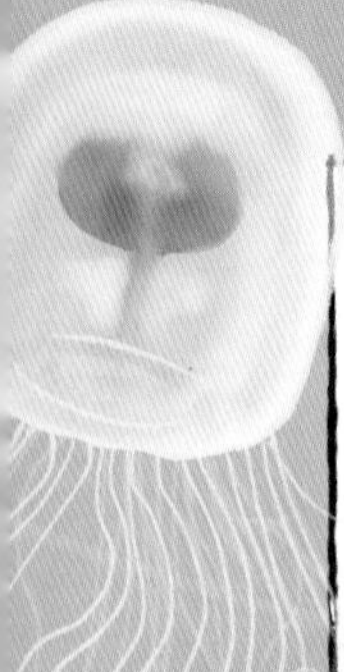

おとなクラゲ
こどもクラゲ
たまごも産《う》む
それぞれ成長《せいちょう》
若返《わかがえ》り
赤ちゃん(ポリプ)
分裂《ぶんれつ》

ぺんたも
まずこどもに
戻《もど》ってみりゅうう

「ぺんた、この前《まえ》死《し》んじゃう夢《ゆめ》を見《み》たのぉ。こわいよぉぉ」

「かわいそうに。ぼくが死《し》なない魔法《まほう》を教《おし》えてあげるよ」

「そんなことできるのぉ？」

「うん、ぼくらベニクラゲは、何度《なんど》も〝若返《わかがえ》り〟するの」

「ど、どうやってぇ？」

「まず、ぺんたくんの**体《からだ》を、**1回《かい》グチャグチャにしてからもどすね。次《つぎ》の日《ひ》には1つのかたまりにもどって、また次《つぎ》の日《ひ》には根《ね》っこを生《は》やして、頭《あたま》からも根《ね》っこみたいなものを伸《の》ばしてみて。そしたら、最後《さいご》は植物《しょくぶつ》みたいなすがたになるから。それが『子《こ》ども時代《じだい》』に戻《もど》るってこと。名《な》前《まえ》はポリプ」

「う、うん……」

「ここからが大事《だいじ》だよ。**ポリプに戻《もど》ったら、植物《しょくぶつ》のように枝分《えだわ》かれしてね。そしたら、そこに大人《おとな》のぺんたくんが何《なん》匹《びき》も生《う》まれてくる**んだ。これがぼくの〝死《し》なない魔法《まほう》〟だよ」

「ぺ、ぺんたにできるかなぁ……何《なに》するんだっけぇ……」

ぺんた、永遠《えいえん》に生《い》きちゃうかもおおお

ベニクラゲは、年《とし》をとったり重傷《じゅうしょう》を負《お》ったり、外的《がいてき》ストレスを感《かん》じると若返《わかがえ》ります。まず、体《からだ》のゼラチン質《しつ》の部分《ぶぶん》が退化《たいか》し、肉団子状《にくだんごじょう》になります。そしてキチン質《しつ》（甲殻類《こうかくるい》の殻《から》などと同《おな》じ）の膜《まく》で体《からだ》を覆《おお》い、「ポリプ」（子《こ》ども時代《じだい》の体《からだ》）に若返《わかがえ》ります。やがてポリプは植物《しょくぶつ》のように枝分《えだわ》かれし、そこに大人《おとな》の姿《すがた》のベニクラゲがいくつも生《は》えてくることに！　この若返《わかがえ》り＆分身《ぶんしん》が増《ふ》える生態《せいたい》には謎《なぞ》が残《のこ》されています。

DATA

住《す》んでいる場所《ばしょ》…世界中《せかいじゅう》の温帯《おんたい》・熱帯《ねったい》の海《うみ》
大《おお》きさ…3mm～1cm
食《た》べ物《もの》…甲殻類《こうかくるい》の孵化《ふか》したばかりの幼生《ようせい》、アルテミア（小《ちい》さなエビの仲間《なかま》）
分《ぶん》類《るい》…刺胞動物《しほうどうぶつ》

おとなになることから
はじめましょ

オニボウズギスの「いっぱい食《た》べる」魔法《まほう》を使《つか》いたい！

ハッハッハ
素人《しろうと》の胃袋《いぶくろ》にはムリさ
ペ、ぺんたも
大《おお》きくなったらできりゅぅぅぅ〜

「ぺんた、大食《おおぐ》い選手権《せんしゅけん》で優勝《ゆうしょう》したいぃ！　オニボウズギスさんはぁ、自分《じぶん》の体《からだ》よりも大《おお》きいものを食《た》べられるんでしょお？　その魔法《まほう》、教《おし》えてぇ！」

「うん、自分《じぶん》の体重《たいじゅう》の12倍《ばい》は飲《の》み込《こ》めるよ。ぼくたちの1回《かい》の食事量《しょくじりょう》って、人間《にんげん》でいうと8500個《こ》のホットドッグと同《おな》じなの」

「す、すごい量《りょう》だねぇ！　ぺんたも、ふぁるまき8500個《こ》食《た》べてみたいぃ……どうすればいいのお？」

「うーん。**胃袋《いぶくろ》と皮膚《ひふ》をいつでも伸《の》ばせる**ように練習《れんしゅう》するとかかなぁ。でも、大《おお》きすぎるものを飲《の》み込《こ》んでおなかが破裂《はれつ》して、そのまま死《し》んじゃったなかまもいるんだよ。ぺんたくん、気《き》をつけて」

「いたそうだよぉ……」

「それに、えさを消化《しょうか》するまでに何日《なんにち》もかかるでしょ？　その間《あいだ》に胃《い》でえさがくさっちゃうこともある」

「もったいないよぉお！」

皇帝《こうてい》ペンギンも、5kgのえさをおなかにたくわえることができるんだってぇ！

オニボウズギスの通称《つうしょう》は「ブラック・スワロワー」（黒《くろ》い丸《まる》のみ屋《や》）。自分《じぶん》の体《からだ》よりはるかに大《おお》きなえさを丸《まる》のみすることで知《し》られています。86cmのサバが入《はい》っている、体長《たいちょう》19cmのオニボウズギスの死骸《しがい》が発見《はっけん》されたことも。大食《おおぐ》いができる秘密《ひみつ》は、大《おお》きな口《くち》と、伸縮自在《しんしゅくじざい》の胃袋《いぶくろ》と皮膚《ひふ》にあります。胃袋《いぶくろ》と皮膚《ひふ》は、伸《の》びきると透明《とうめい》に見《み》えます。胃袋《いぶくろ》を胸《むね》まで大《おお》きく広《ひろ》げ、おなかをパンパンにふくらませることができます。

DATA

住《す》んでいる場所《ばしょ》…世界中《せかいじゅう》の暖《あたた》かい海《うみ》
大《おお》きさ…15～30㎝
食《た》べ物《もの》…魚類《ぎょるい》、イカなど、食《た》べられそうなものはなんでも
分類《ぶんるい》…魚類《ぎょるい》

オシドリの『オシャレ』の魔法《まほう》を使《つか》いたい！

「どうしてオシドリさんは、オスのほうがきれいなの？」

「小春《こはる》ちゃんも、大人《おとな》になったらわかるよ。鳥《とり》のなかまって、**オスはメスにえらばれないといけないから、メスの気《き》を引《ひ》こうとして、どうしても派手《はで》になったり、おもしろい行動《こうどう》をしたくなったりするんだ**」

「そうなんだっ！　きれい

ダーリンったら
おしゃれさんね
だろ？
マイスイートハニー♡

になる魔法《まほう》だなんて、素敵《すてき》ねっ！　でも、どうやるの？」

「オシドリのオスの羽《はね》はね、毎年秋《まいとしあき》になって繁殖《はんしょく》の時期《じき》が近《ちか》づくと、鮮《あざ》やかで美《うつく》しい冬羽《ふゆばね》に生《は》え変《か》わるの。でも、繁殖《はんしょく》の時期《じき》が終《お》わり、夏《なつ》になると地味《じみ》な姿《すがた》に戻《もど》るんだよ。くちばしの色《いろ》は赤《あか》いままだけど、メスと見分《みわ》けがつかなくなるの」

「魔法《まほう》ねっ！」

「でもね、小春《こはる》ちゃん。皇帝《こうてい》ペンギンも、大人《おとな》になったら繁殖期《はんしょくき》に首《くび》の黄色《きいろ》が濃《こ》くなるんだよ。小春《こはる》ちゃんたちだって、魔法《まほう》が使《つか》えるんだよ」

「そうなの……？」

ぺんたたちも、
魔法《まほう》が使《つか》えたぁ！
ヤッタヤッタ！

非繁殖期《ひはんしょくき》（夏場《なつば》）のオスの、地味《じみ》な羽毛《うもう》の状態《じょうたい》は「エクリプス」と呼《よ》ばれます。これは日食《にっしょく》などの「食《しょく》」という意味《いみ》の英語《えいご》。その後、エクリプスから冬羽《ふゆばね》に変《か》わる過程《かてい》のオスの頭部《とうぶ》は、モヒカンのようにも見《み》えます。そして秋以降《あきいこう》、冬羽《ふゆばね》のオスはとってもカラフル。「イチョウ羽《ばね》」と呼《よ》ばれる大《おお》きな羽《はね》も付《つ》いていて、インパクト大《だい》。まるで置物《おきもの》のようです。オスが美《うつく》しいと注目《ちゅうもく》されがちですが、メスの模様《もよう》も素敵《すてき》です。

DATA

住《す》んでいる場所《ばしょ》… 東《ひがし》アジア（朝鮮《ちょうせん》半島《はんとう》、日本《にほん》、中国《ちゅうごく》、台湾《たいわん》など）、北西《ほくせい》ヨーロッパ

大《おお》きさ… 41 ～ 48㎝

食《た》べ物《もの》… 水生植物《すいせいしょくぶつ》、果実《かじつ》、種子《しゅし》、昆虫類《こんちゅうるい》、貝類《かいるい》、魚類《ぎょるい》、ウニ

分類《ぶんるい》… 鳥類《ちょうるい》

ぺんたと小春《こはる》と博士《はかせ》のおはなし②

「博士《はかせ》、博士《はかせ》、聞《き》いてぇぇぇ」

「おや、ぺんた、小春《こはる》、おかえり。

なんだか嬉《うれ》しそうじゃないか」

「あのねぇぇ、いろんな動物《どうぶつ》さんにぃ、

いろんな魔法《まほう》を教《おそ》わったよぉぉ!!

ぺんたね、ぺんたね、

体《からだ》の色《いろ》を変《か》えたりぃぃ、

ピカピカ光《ひか》ったり

できるようになるぅぅ〜！」

「おお、それはすごいのう。
小春《こはる》は、どんなことを
教《おそ》わってきたんじゃ？」

「私《わたし》も、おしゃれする魔法《まほう》や、
きれいに光《ひか》る魔法《まほう》を教《おそ》わってきましたっ。
でもね、博士《はかせ》。気《き》が付《つ》いたことがあるの」
「なんじゃ？」
「動物《どうぶつ》さんや虫《むし》さんはみんな、
魔法《まほう》が使《つか》えるみたいに見《み》えたけど、
お話《はなし》を聞《き》いてみるとね、
なぜそうなるのか、みんなちゃんと
説明《せつめい》してくれるのっ」

噴水《ふんすい》みたいに水《みず》を吹《ふ》いてるように見《み》えても、
息《いき》をするときに水《みず》が飛《と》んじゃっただけだったり、
見《み》えないものが見《み》えてるように思《おも》えても、
目《め》じゃなくてにおいで分《わ》かっているからだったり…。
だからねっ、見《み》たまま真似《まね》するんじゃなくって、
なんでそうなってるかを、
ちゃんと知《し》るといいみたいっ」
「わぁぁ、小春《こはる》ぅ、確《たし》かにそうだねぇ〜！」

「小春《こはる》、すごくいいところに
気《き》がついたのう。
そうじゃな、
『なんでできるんだろう？』と
気《き》にしながら教《おそ》わってみたら、
より大《おお》きな発見《はっけん》がありそうじゃな」
「ほんとだねぇぇ〜!!
ぺんたたち、まだまだみんなに
魔法《まほう》を教《おそ》わってくるよぉぉ〜!!」

「行《い》ってらっしゃい、
気《き》をつけてな。
おなかが空《す》いたら、
すぐに博士《はかせ》のところに
帰《かえ》っておいで」

まだまだ
続《つづ》くよぉぉ〜
次《つぎ》はどんな
動物《どうぶつ》さん
かしらっ

2 時間《じかん》め

ぺんたと小春《こはる》の忍者学校《にんじゃがっこう》

アメンボの『水《みず》の上《うえ》を歩《ある》く』魔法《まほう》を使《つか》いたい！

ぬきあし、さしあし、
バターあしぃ〜…
バター
チャポン

「アメンボさぁん。どうして、水《みず》の上《うえ》をスイスイ歩《ある》けるのぉ？　あの魔法《まほう》、教《おし》えてぇえ」

「魔法《まほう》だなんて言《い》ってくれて、ありがとう！　あのね、まず**〝つめ〟を生《は》やしてみて。水面《すいめん》の膜《まく》にくいこむから、すべらなくなるよ。それから、足先《あしさき》まで毛《け》を生《は》やして。そこに体《からだ》から出《で》た脂《あぶら》をしみこませて、水《みず》をはじくんだよ**」

「ふむふむぅ、つめとぉ、脂《あぶら》つきの毛《け》をつければ、魔法《まほう》が使《つか》えるんだねぇ？」

「あっ、だいじなこと、忘《わす》れ

てた。３つめの理由《りゆう》は、体《からだ》が軽《かる》い、ってこと。アメンボは、10匹《ぴき》集《あつ》まっても、１円玉《えんだま》１枚《まい》より軽《かる》いの。だから浮《う》きやすいんだ」

「アメンボさん、すごいぃ」

「もうひとつ、秘密《ひみつ》を教《おし》えてあげる。ぼくの足《あし》ってセンサーなの。水面《すいめん》に落《お》ちたのが、えさなのか、敵《てき》なのか、ただの葉《は》っぱなのかまでわかるの。足《あし》で波《なみ》を起《お》こして、なかまと話《はな》すこともできるよ」

足《あし》に脂《あぶら》を塗《ぬ》るのかぁ……冷蔵庫《れいぞうこ》にあったバターでもいいかなぁ？

DATA

住《す》んでいる場所《ばしょ》…日本《にほん》や中国《ちゅうごく》、および亜熱帯《あねったい》から熱帯《ねったい》の地域《ちいき》に広《ひろ》く分布《ぶんぷ》
大《おお》きさ…11〜16㎜
食《た》べ物《もの》…チョウやトンボなど昆虫《こんちゅう》の体液《たいえき》
分《ぶん》類《るい》…昆虫類《こんちゅうるい》

水《みず》の表面《ひょうめん》には、薄《うす》い膜《まく》が張《は》られたような状態《じょうたい》で、ものを支《ささ》える働《はたら》き（表面《ひょうめん》張力《ちょうりょく》）があります。アメンボは、その軽《かる》い体《からだ》で「水《みず》の膜《まく》」の上《うえ》にバランスよく足《あし》を踏《ふ》ん張《ば》っています。また足《あし》の先《さき》の毛《け》には脂《あぶら》がついており、水《みず》を弾《はじ》きます。つめも、水面《すいめん》の膜《まく》に突《つ》きささってくれます。そのため、水《みず》の上《うえ》を自由《じゆう》に動《うご》き回《まわ》ったり、ピョンピョンはねたりできるのです。

クモの『浮《う》く』魔法《まほう》を使《つか》いたい！

「クモさんってぇ、お空《そら》にいつも浮《う》いてるでしょおお？」

「浮《う》いてないよ。おなかの先《さき》から透明《とうめい》の糸《いと》をたくさん出《だ》して、その上《うえ》を歩《ある》いてるの」

「糸《いと》お？　ぺんたには見《み》えなかったよぉ。そんな細《ほそ》い糸《いと》、切《き》れちゃわないのぉ？」

「えっへん。ぼくの糸《いと》、人間《にんげん》が作《つく》った同《おな》じ太《ふと》さのはがねより、5倍《ばい》も強《つよ》いんだよ！」

「どうやってつくるのぉ？」

「おなかにある袋《ふくろ》に、『糸《いと》のもとになる液体《えきたい》』が入《はい》っている。その袋《ふくろ》から細《ほそ》い〝くだ〟がのびていてね。その液体《えきたい》がくだから外《そと》へ押《お》し出《だ》されると、一瞬《いっしゅん》で乾燥《かんそう》して糸《いと》になるの」

「ストローから、ジュースが出《で》てくる感《かん》じ？」

「そう。でも、どろっとした液《えき》ね。それが外《そと》に出《で》た瞬間《しゅんかん》、糸《いと》になる。それを風《かぜ》にのせてなびかせると、木《き》の枝《えだ》とかに当《あ》たってピタッとくっつく。ぼくはその上《うえ》を糸《いと》を出《だ》しながら何度《なんど》も往復《おうふく》するの。するとクモの巣《す》ができるんだ」

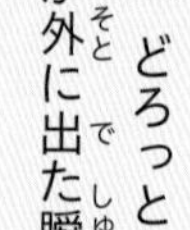

浮《う》いているのかと思《おも》ったらぁ、糸《いと》に乗《の》ってたんだねぇ〜！

クモさんの糸《いと》
じょうぶぅぅ〜!
きゃあ
きゃあ
向《む》かう先《さき》は
風《かぜ》次《し》第《だい》さ〜

クモは腹《はら》にある「ドープ」という液体《えきたい》の中《なか》に、特殊《とくしゅ》なたんぱく質《しつ》「スピドロイン」を保存《ほぞん》しています。
この2つが反応《はんのう》することで、たんぱく質《しつ》は繊維状《せんいじょう》に変化《へんか》します。ドープは腹《はら》の中《なか》の管《くだ》を、変化《へんか》しながら移動《いどう》します。最後《さいご》、クモが「糸《いと》いぼ」（糸《いと》を出《だ》す管《くだ》）からドープを引《ひ》くと、一瞬《いっしゅん》で乾燥《かんそう》し、網《あみ》を張《は》れるような繊維状《せんいじょう》の糸《いと》になります。糸《いと》の強度《きょうど》は同《おな》じ太《ふと》さの鋼鉄《こうてつ》の5倍《ばい》、伸《しん》縮率《しゅくりつ》はナイロンの2倍《ばい》にもなります。

DATA

住《す》んでいる場所《ばしょ》… 北極《ほっきょく》と南極《なんきょく》をのぞく世界中《せかいじゅう》

大《おお》きさ… 0.5㎜〜9㎝

食《た》べ物《もの》… 鳥類《ちょうるい》、昆虫類《こんちゅうるい》、軟体動物《なんたいどうぶつ》、クモ類《るい》などの節足動物《せっそくどうぶつ》、カエルなどの両生類《りょうせいるい》、ネズミなどの小型《こがた》の脊椎動物《せきついどうぶつ》

分《ぶん》類《るい》… クモ類《るい》

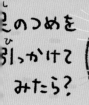

ニホンヤマネの『逆《さか》さまに走《はし》る』魔法《まほう》を使《つか》いたい！

「ねえ、いつも忍者《にんじゃ》みたいに逆《さか》さまに走《はし》ってるよね？」

「たしかに忍者《にんじゃ》っぽいかも。木《き》の枝《えだ》をいどうするときも、体《からだ》を枝《えだ》の下《した》にして、ぶらさがるみたいに進《すす》むし。木《き》を降《お》りる時《とき》も、頭《あたま》が下《した》になってるし」

「いたずらした時《とき》に、目立《めだ》たずに逃《に》げられそうだよぉ。ぺんたにもその魔法《まほう》、教《おし》えてぇ」

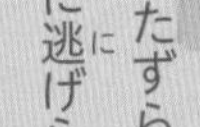

ぶらさがるだけで、いっぱいいっぱいでぇ、走《はし》るどころじゃないよぉぉ

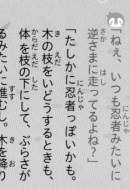

DATA

住《す》んでいる場所《ばしょ》… 日本《にほん》
（本州《ほんしゅう》・四国《しこく》・九州《きゅうしゅう》）

大《おお》きさ… 6.8 ～ 8.4㎝（尾長約《びちょうやく》5㎝）

食《た》べ物《もの》… 種子《しゅし》、果実《かじつ》、花《はな》の蜜《みつ》、花粉《かふん》、昆虫類《こんちゅうるい》

分《ぶん》　類《るい》… ほにゅう類《るい》

ナウマンゾウがいた頃《ころ》から、日本《にほん》で暮《く》らし続《つづ》けてきたニホンヤマネ。「生《い》きた化石《かせき》」とも呼《よ》ばれています。体《からだ》は小《ち》さいものの、広《ひろ》い行動範囲《こうどうはんい》を誇《ほこ》ります。ぶらさがりながら移動《いどう》できる秘密《ひみつ》は、その軽《かる》さ。細《ほそ》い枝《えだ》の先《さき》まで、逆《さか》さ向《む》きで移動《いどう》することができます。また背中《せなか》には黒《くろ》くて太《ふと》い1本線《ぽんせん》の模様《もよう》が入《はい》っています。これは保護色《ほごしょく》。下《した》から見《み》ると、背中《せなか》がまるで枝《えだ》の一部《いちぶ》のように見《み》えるのです。

「まずつめの形《かたち》を変《か》えてみて。先《さき》が曲《ま》がっているかぎづめだから、木《き》の表面《ひょうめん》にうまくひっかけられるんだよ。あと、手足《てあし》の位置《いち》ね。4本足《ほんあし》で歩《あし》く動物《どうぶつ》とはちがって、体《からだ》のうんと横《よこ》のほうについているから、木《き》にぶらさがりやすい」

「じゃあ、ぺんたはつめをきたえるとかぁ、フックみたいなのを手《て》に持《も》てば、マネできるかもぉ」

「大事《だいじ》なこと、忘《わす》れてた。ぼくとっても体《からだ》が軽《かる》いんだよ。それが逆《さか》さまに走《はし》るためのいちばんの条件《じょうけん》かも」

「また、ダイエットだぁ〜」

催涙《さいるい》スプレーみたいなものだよ
黒《くろ》いだけじゃないんだねぇぇ～

タコの『かくれる』魔法《まほう》を使《つか》いたい!

「タコさんはまっ黒《くろ》いものを吐《は》いて、うまく隠《かく》れるでしょ。あの魔法《まほう》、教《おし》えてぇぇ」

「簡単《かんたん》だよ。ぺんたくんも黒《くろ》い水《みず》をピューって吐《は》けば？」

「まっ黒《くろ》い水《みず》って、絵《え》の具《ぐ》でつくればいいのぉ？」

「いいねぇ。絵《え》の具《ぐ》とか墨汁《ぼくじゅう》でつくった色水《いろみず》ってサラサラだから、**墨《すみ》がカーテンみたいに広《ひろ》がって、敵《てき》の目《め》をごまかせる。敵《てき》が見《み》えなくて困《こま》っているすきに、いそいで逃《に》げられるよ。**これがタコの〝めくらましの術《じゅつ》〟。ぼくはいつも、**墨《すみ》を肝臓《かんぞう》にためてるよ**」

「ぺんたもできるかもぉ～！」

「タコの吐《は》く墨《すみ》って、イカの墨《すみ》とよく比《くら》べられるんだ。イカの墨《すみ》ってドロドロでね。海《うみ》の中《なか》に吐《は》き出《だ》されると、イカと同《おな》じくらいのかたまりになって、プカプカ浮《う》かぶ。すると、敵《てき》がそっちをねらうんだ。つまりイカの墨《すみ》の魔法《まほう》って〝分身《ぶんしん》の術《じゅつ》〟なんだ。でもドロドロの墨《すみ》じゃないとできないから、ぼくらにはできないの。全然違《ぜんぜんちが》う墨《すみ》なんだ」

タコには「墨袋《すみぶくろ》」があり、そこでつくった墨《すみ》を体内《たいない》に取《と》り込《こ》んだ海水《かいすい》とまぜ、「漏斗《ろうと》」という煙突状《えんとつじょう》の器官《きかん》から吐《は》き出《だ》します。タコの墨《すみ》は粘《ねば》り気《け》が少《すく》ないので、吐《は》き出《だ》すと煙幕《えんまく》のように海中《かいちゅう》に広《ひろ》がります。敵《てき》の視界《しかい》をさえぎることで、うまく逃《に》げられるのです。ただし深海《しんかい》にすむ種類《しゅるい》のタコは、墨袋《すみぶくろ》が退化《たいか》しています。真《ま》っ暗《くら》なところで墨《すみ》を吐《は》いても、敵《てき》の目《め》をくらますことにはつながらないからです。

DATA

住《す》んでいる場所《ばしょ》… 世界中《せかいじゅう》の海《うみ》
大《おお》きさ… 約《やく》40～60cm（その4分《ぶん》の3を腕《うで》が占《し》める）、最大《さいだい》9.1m（最大種《さいだいしゅ》ミズダコの場合《ばあい》）
食《た》べ物《もの》… 甲殻類《こうかくるい》、二枚貝《にまいがい》
分《ぶん》類《るい》… 軟体動物《なんたいどうぶつ》

お風呂場《ふろば》の中《なか》で練習《れんしゅう》して、小春《こはる》におこられたよぉぉ

シカクナマコの『体《からだ》をとかす』魔法《まほう》を使《つか》いたい!

「ナ、ナマコさんって、すごい魔法《まほう》を使《つか》えるって聞《き》いたのお……。腸《ちょう》を吐《は》き出《だ》したり、皮《かわ》をドロドロにとかしたり、体《からだ》をおもちみたいにやわらかくできるんでしょお?」

「うん、できるよ。敵《てき》におそわれた時《とき》に、おどろかせるの」

「なんで今《いま》は、ドロドロしてないのお?」

「海水《かいすい》のなかでじっとしてると、2~3週間《しゅうかん》で元《もと》に戻《もど》るんだよ」

「ぺんたもその魔法《まほう》、使《つか》えるようになりたい!!」

「まず、体《からだ》の仕組《しく》みをシンプルにしなきゃ。ぼくには脳《のう》や神経《しんけい》、心臓《しんぞう》、血液《けつえき》もないの。小《ちい》さな骨《ほね》や関節《かんせつ》はあるけど」

「ちょっと待《ま》ってぇえ、脳《のう》がなくて、こまらない?」

「『脳《のう》がない』から都合《つごう》がいいんだ。体《からだ》が溶《と》けても痛《いた》くないから」

「でも、脳《のう》がないと『おいしい!』って感《かん》じることも、できなくなっちゃうのぉお?」

「もちろん」

「それはいやだよぉおお!」

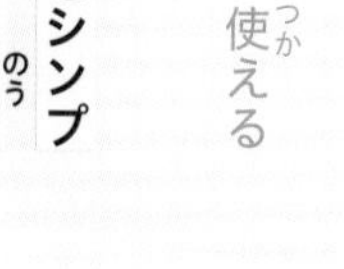

暑《あつ》いところに行《い》ったら、ぺんたもとけちゃうかなぁ?

DATA

住《す》んでいる場所《ばしょ》… 日本及《にほんおよ》び、世界《せかい》の温帯《おんたい》から熱帯《ねったい》の海《うみ》

大《おお》きさ… 10 〜 30㎝前後《ぜんご》

食《た》べ物《もの》… 海底《かいてい》に積《つ》もった有機物《ゆうきぶつ》

分《ぶん》　類《るい》… 棘皮動物《きょくひどうぶつ》

シカクナマコには「骨片《こっぺん》」という小《ちい》さな骨《ほね》がたくさんあります。それは「キャッチ結《けつ》合組織《ごうそしき》」（関節《かんせつ》のようなもの）でつながっています。この「結合組織《けつごうそしき》」を弱《よわ》めることで、体《からだ》を短時間《たんじかん》で軟《やわ》らかくすることができます。「結合組織《けつごうそしき》」とは、人間《にんげん》でいえば軟骨《なんこつ》や、お肌《はだ》の「コラーゲン」の部分《ぶぶん》。通常《つうじょう》、その硬《かた》さを短時間《たんじかん》で変《か》えることはできません。ちなみにシカクナマコの内臓《ないぞう》は、珍味《ちんみ》「コノワタ」の材料《ざいりょう》となります。

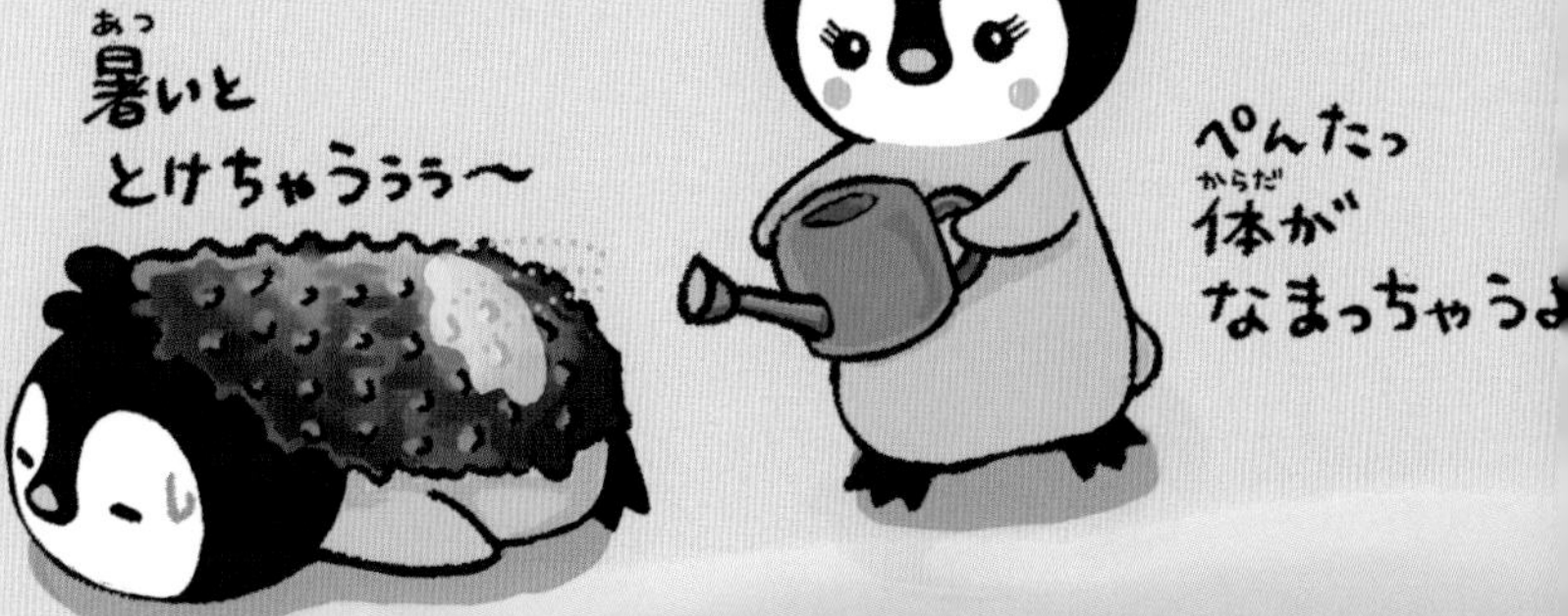
暑《あつ》いと
とけちゃうううう〜
ぺんたっ
体《からだ》が
なまっちゃうよ

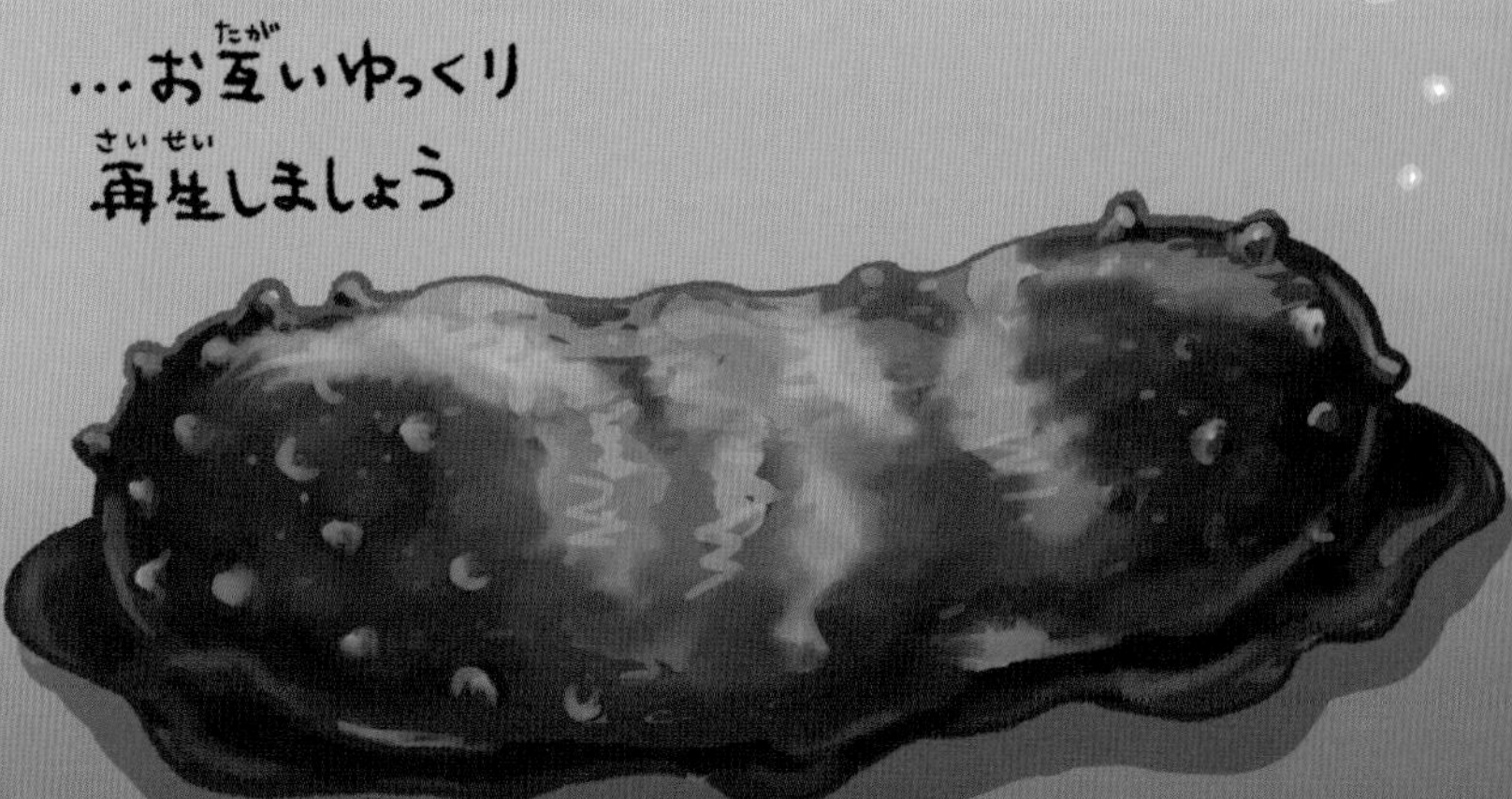
…お互《たが》いゆっくり
再生《さいせい》しましょう

バシリスクの『水面《すいめん》を走《はし》る』魔《ま》法《ほう》を使《つか》いたい！

「バシリスクさんは、どうして水《みず》の上《うえ》を走《はし》れるのぉぉ？」

「理由《りゆう》はいろいろあるよ」

「ぺんた、答《こた》えを当《あ》てていい？」

足《あし》ひれをつければ、ぺんただって水《みず》の上《うえ》を走《はし》れる気《き》がすりゅうぅぅ

きっと、そのながーいしっぽのおかげだと思《おも》うのぉお。だから、ぺんたもしっぽをつけてみようかなぁ」

「おしいなぁ。たしかに、ぼくのしっぽは、水上《すいじょう》でバランスをとるとき、とても役《やく》に立《た》ってくれる。でもそれだけじゃないの。うしろ足《あし》の筋肉《きんにく》が丈夫《じょうぶ》だから、水面《すいめん》を強《つよ》い力《ちから》でけることができるんだ。うしろ足《あし》の指《ゆび》も、長《なが》くて大《おお》きい。おまけに、指《ゆび》の間《あいだ》には水《みず》かきのようなうろこまでついているんだ。だから、水《みず》の上《うえ》を走《はし》れるんだよ」

「じゃあ、ぺんたも足《あし》をきたえて、水《みず》かきをつければいいよね？　ヤッタヤッタ！」

「ちょっと待《ま》って。いちばんだいじなのは、体《からだ》を軽《かる》くすること。ぼく、身長《しんちょう》のわりに体重《たいじゅう》がとても軽《かる》いの」

「だ、ダイエットすりゅう…」

DATA

住《す》んでいる場所《ばしょ》…　メキシコから、中央《ちゅうおう》アメリカ
大《おお》きさ…　60 ～ 80cm
食《た》べ物《もの》…　果実《かじつ》、昆虫類《こんちゅうるい》、節足動物《せっそくどうぶつ》、小型《こがた》のはちゅう類《るい》・鳥類《ちょうるい》・ほにゅう類《るい》
分《ぶん》　類《るい》…　はちゅう類《るい》

水上《すいじょう》を歩《ある》く「イエス・キリスト」にたとえ「キリストトカゲ」とも呼《よ》ばれます。水《みず》かきのついたうしろ足《あし》で水《みず》を下《した》に押《お》しつけることにより生《う》まれる上向《うわむ》きの力《ちから》を活《い》かして水上《すいじょう》を走《はし》ります（ゆっくり走《はし》ると沈《しず》みます）。その速《はや》さは秒速約《びょうそくやく》2ｍ（約《やく》20歩《ぽ》）！　とはいえ走《はし》るのは、敵《てき》から逃《のが》れる時《とき》などの非常時《ひじょうじ》だけ。潜水《せんすい》も得意《とくい》な水陸両用《すいりくりょうよう》のトカゲです。

ムネエソの「消《き》える」魔法《まほう》を使《つか》いたい!

消《き》えるお面《めん》
ムネエリのお面《めん》はいらんかね〜
よく見《み》てっ それ、本物《ほんもの》のムネエソさんだよっ
ぺんたはこれにすりゅううう〜

「ムネエソさん？　あれっ、いなくなったっ!!」

「ふふふ。ぼく、見《み》えなくなる時《とき》があるんだ」

「消《き》える魔法《まほう》が使《つか》えるの!?　教《おし》えてぇぇ！」

「ぼくのひふの下《した》には、弱《よわ》い光《ひかり》でも反射《はんしゃ》してくれるキラキラ物質《ぶっしつ》が並《なら》んでいるの。それが、鏡《かがみ》みたいにまわりの景色《けしき》を映《うつ》すから、ぼくの体《からだ》が透明《とうめい》に見《み》えるってわけ。あと、体《からだ》の下《した》のほうに小《ちい》さなライトがたくさんついてて、影《かげ》を消《け》してくれるんだ」

「じゃあ、ぺんたがマネしようと思《おも》ったら、鏡《かがみ》を体《からだ》に張《は》り付《つ》けて、下《した》に向《む》かってたくさんのライトで照《て》らせばカンペキかなぁ」

「その前《まえ》に、体《からだ》の厚《あつ》みをもっと薄《うす》くしてみたら？　ぼくの体《からだ》の厚《あつ》みって１㎝もないの。だから、前《まえ》やうしろから見《み》ると、いないように見《み》えるんだよ」

「ぺんたのおなか、ポンポコリンだからなぁ……」

うろことぉ、鏡《かがみ》とぉ、ライトをつけてぇ……なんか、目立《めだ》っちゃいそうだよぉ

ムネエソの皮膚《ひふ》の下《した》には「グアニン」という物質《ぶっしつ》の結晶《けっしょう》が並《なら》び、鏡《かがみ》のようになっています。また銀色《ぎんいろ》のウロコは、１枚《まい》１枚角度《まいかくど》を変《か》えられます。水面《すいめん》からの光《ひかり》が乱反射《らんはんしゃ》するため、より目立《めだ》ちにくくなります。さらに、体《からだ》の下《した》には青白《あおじろ》く淡《あわ》い光《ひかり》を発《はっ》する「発光器《はっこうき》」が多数並《たすうなら》んでいます。これを、周囲《しゅうい》の明《あか》るさと同《おな》じ程度《ていど》にともすことで、下《した》から見《み》られた時《とき》の影《かげ》を消《け》すことができます（カウンターイルミネーション）。

DATA

住《す》んでいる場所《ばしょ》… 日本《にほん》の太平洋側《たいへいようがわ》、温帯《おんたい》から熱帯《ねったい》の海《うみ》
大《おお》きさ… 5～12㎝
食《た》べ物《もの》… 甲殻類《こうかくるい》、動物《どうぶつ》プランクトン
分《ぶん》　類《るい》… 魚類《ぎょるい》

イワシの『ぶつからない』魔法《まほう》を使《つか》いたい！

「イワシさんたちの群《む》れって、全員《ぜんいん》で何匹《なんびき》なのぉ？」

「数千匹《すうせんびき》、数万匹《すうまんびき》、多《おお》い時《とき》には数億匹《すうおくひき》が集《あつ》まるよ」

「ぶつからないのぉ？」

「もちろん、目《め》でまわりをよく見《み》たり、音《おと》を聞《き》いたり、しているけれど……。でも、１本線《ぽんせん》が秘訣《ひけつ》なの。これね、**ただの模様《もよう》じゃなくて、すごくよくできたセンサーなの。海水《かいすい》のしん動《どう》をキャッチして、誰《だれ》かがきたら分《わ》かるんだ**」

「じゃあ、ぺんたもセンサーを体《からだ》につければ、〝ぶつからない魔法《まほう》〟が使《つか》えるねぇ」

「そうだね。ぺんたくんのひふは強《つよ》そうでいいなぁ。ぼくたちの体《からだ》、デリケートにできていて、ウロコが弱《よわ》いんだ。人間《にんげん》に釣《つ》られて水《みず》からあげられると、ウロコがポロポロ落《お》ちて、すぐに死《し》ぬの。傷《いた》むのも早《はや》い。だから『弱《よわ》し』っていう言葉《ことば》がなまって『いわし』になったんだって」

「だから、しょうとつをさけなきゃいけないんだねぇ」

イワシさんの線《せん》は、センサーだったんだねぇ～

DATA

住《す》んでいる場所《ばしょ》… 世界中《せかいじゅう》の海《うみ》
大《おお》きさ… 10 ～ 30cm
食《た》べ物《もの》… プランクトン
分《ぶん》　類《るい》… 魚類《ぎょるい》

「鰯《いわし》」という漢字《かんじ》の通《とお》り繊細《せんさい》な小型魚《こがたぎょ》、イワシ。その弱《よわ》さゆえ、大《おお》きな群《む》れをつくり、個々《ここ》のイワシが食《た》べられるリスクを減《へ》らしている（希釈効果《きしゃくこうか》）と見《み》られています。イワシの体《からだ》には頭《あたま》から尾《お》にかけて１本《ぽん》の線《せん》が走《はし》っています（側線《そくせん》）。この側線《そくせん》は、人間《にんげん》でいう聴覚《ちょうかく》や平衡覚《へいこうかく》を受容《じゅよう》する役目《やくめ》を果《は》たしています。水《すい》圧《あつ》、水流《すいりゅう》、水温《すいおん》の変化《へんか》や、まわりの仲間《なかま》たちの存在《そんざい》まで感知《かんち》することができます。

クンクン
シャーク・ホームズさん どうして分《わ》かるのおお〜？
初歩的《しょほてき》なことだよ、ぺんたくん

サメの『ご飯《はん》を探《さが》す』魔法《まほう》を使《つか》いたい！

「サメさんって、広《ひろ》い海《うみ》でご飯《はん》を探《さが》せるでしょお？　どんな魔法《まほう》を使《つか》っているのぉ？」

「いろんな力《ちから》を使《つか》っているよ。水《みず》の温度《おんど》の変化《へんか》や光《ひかり》の量《りょう》を手《て》がかりにすることもある。もちろん目《め》でも見《み》てるしね。でも、いちばんたよりにしているのはにおいかな」

「そうなのぉ？　広《ひろ》い海《うみ》でにおいがわかるなんて、とってもお鼻《はな》がいいんだねぇ？」

「そうなの。ぼくの鼻《はな》はとっても複雑《ふくざつ》にできていて、50mのプールにたらした1滴《てき》の血《ち》のにおいだって、かぎつけることができるんだよ」

「すごい！　探偵《たんてい》みたい〜」

「でもね、においってちっちゃいつぶなの。だから、広《ひろ》い海《うみ》では流《なが》されていっちゃう。そのつぶをキャッチするために、浮《う》いたりしずんだりをくりかえして探《さが》すんだ」

「ぺんたも海《うみ》の中《なか》のにおいをかげるようになれば、探偵《たんてい》さんみたいになれるかなぁ？」

「うん、きっとなれるよ！」

サメの鼻孔《びこう》（鼻《はな》の穴《あな》）は、ほとんどが前向《まえむ》き、もしくは下向《したむ》きに付《つ》いています。その穴《あな》の中《なか》に、臭《にお》いを感《かん》じとる「嗅細胞《きゅうさいぼう》」があり、そこでキャッチした情報《じょうほう》は脳《のう》に伝《つた》わります。その構造《こうぞう》は複雑《ふくざつ》です。サメは血液《けつえき》の臭《にお》い、言《い》い換《か》えるとアミノ酸《さん》の臭《にお》いに反応《はんのう》します。たとえばレモンザメは、「グリシン」などのアミノ酸《さん》を10億分《おくぶん》の1の濃度《のうど》で感知《かんち》できます。これは、人間《にんげん》のアミノ酸《さん》への感度《かんど》の100万倍以上《まんばいいじょう》です。

DATA

住《す》んでいる場所《ばしょ》… 世界中《せかいじゅう》の海《うみ》（汽水域《きすいいき》、淡水域《たんすいいき》にすむ種《しゅ》もいる）
大《おお》きさ… 15㎝〜20m
食《た》べ物《もの》… 魚介類《ぎょかいるい》・ほにゅう類《るい》・ウミガメなどの海産爬虫類《かいさんはちゅうるい》・海鳥類《かいちょうるい》および動物性《どうぶつせい》プランクトン
分類《ぶんるい》… 魚類《ぎょるい》

コウモリの『暗闇《くらやみ》で飛《と》べる』魔法《まほう》を使《つか》いたい！

「コウモリさんは、真《ま》っ暗《くら》なところでもえさをとれるでしょ？」

「うん。暗闇《くらやみ》でも動《うご》けるから」

「やり方《かた》を教《おし》えてぇ。真《ま》っ暗《くら》な台所《だいどころ》で、気《き》づかれずにつまみ食《ぐ》いをしたいのぉ」

「そ、そっか。まずは**音《おと》をよく聞《き》いて。生《い》きてるえものって、ゴソゴソ音《おと》を立《た》てるから**」

「わかったぁ。真《ま》っ暗《くら》な台所《だいどころ》の冷蔵庫《れいぞうこ》の〝ブーン〟っていう音《おと》に耳《みみ》をすますよぉ。でも、そこからこっそり食《た》べるのがむずかしいんだよねぇ」

「小春《こはる》ちゃんに協力《きょうりょく》してもらって、情報交換《じょうほうこうかん》すれば？」

「小春《こはる》につまみ食《ぐ》いしようって

コウモリは超音波《ちょうおんぱ》を発《はっ》し、そのはね返《かえ》りを受信《じゅしん》することで、獲物《えもの》の位置《いち》を特定《とくてい》し、狩《か》りを行《おこな》う。それを「反響定位《はんきょうていい》」（エコーロケーション）と呼《よ》ぶ。ただし森《もり》の茂《しげ》みなど、超音波《ちょうおんぱ》が反響《はんきょう》しにくいエリアでは、聴覚《ちょうかく》に頼《たよ》る。また人間《にんげん》の世界《せかい》に近《ちか》づきすぎると「自然界《しぜんかい》にないもの」を、「自然界《しぜんかい》のもの」と誤解《ごかい》することもある。たとえば「水平《すいへい》に置《お》いたガラス板《いた》を、水面《すいめん》と勘違《かんちが》いしてなめるコウモリ」が報告《ほうこく》されている。

DATA

住《す》んでいる場所《ばしょ》… 極地以外《きょくちいがい》のほぼ世界中《せかいじゅう》

大《おお》きさ… 2.9㎝～1.5ｍ
（最小種《さいしょうしゅ》キティブタバナコウモリ～最大種《さいだいしゅ》フィリピンオオコウモリ）

食《た》べ物《もの》… 花《はな》の蜜《みつ》、花粉《かふん》、昆虫類《こんちゅうるい》、魚類《ぎょるい》など（種《しゅ》によって異《こと》なる）

分類《ぶんるい》… ほにゅう類《るい》

言《い》ったら怒《おこ》るよぉ」

「じゃあ、超音波《ちょうおんぱ》を出《だ》せばいいよ。超音波《ちょうおんぱ》ってね、ものにあたったら、はねかえってくるから、どこになにがどれくらいあるかわかるんだよ」

「超音波《ちょうおんぱ》は出《だ》せないけどぉ、声《こえ》を出《だ》して、はねかえってくる音《おと》を聞《き》く練習《れんしゅう》をしてみればいいかなぁ」

超音波《ちょうおんぱ》なしでも分《わ》かっちゃった…
たべるまえにてをあらってね こはる
ドンッ
わっ
!

いっぱい練習《れんしゅう》したら、ぺんたも目《め》を閉《と》じても歩《ある》けるようになるかなぁ

オーキッドカマキリの『花《はな》になる』魔法《まほう》を使《つか》いたい！

「カマキリさんって、お花《はな》みたいでとっても素敵《すてき》♪」

「えさが花《はな》とまちがって近《ちか》づいてきて、つかまえやすいの」

「おしゃれで色《いろ》を変《か》えてると思《おも》ってたけど違《ちが》うんだねえ」

「生《い》きていくための知恵《ちえ》なの」

「すごい魔法《まほう》よねっっ！」

「これができるのは、ご先祖様《せんぞさま》のおかげなの。**大昔《おおむかし》、体《からだ》の色《いろ》が、たまたまピンクっぽいカマキリがいた。そのカマキリはほかのなかまよりえさが多《おお》く食《た》べられるし、敵《てき》にもみつかりにくかった。すると、生《い》き残《のこ》りやすくなる**わよね？」

「うん。ほんとねっ」

「私《わたし》は、その何万年《なんまんねん》、何十万《なんじゅうまん》年《ねん》もあとの子孫《しそん》なのよ。ご先《せん》祖様《ぞさま》のおかげで、この色《いろ》なの」

「おしゃれになるのに、そんなに時間《じかん》がかかるなんて！　小春《こはる》は待《ま》ちきれないっっ」


別名《べつめい》「ランカマキリ」「ハナカマキリ」。花《はな》になりすますことも「擬態《ぎたい》」の一種《いっしゅ》ですが、それも進化《しんか》の結果《けっか》です。ただしランの花《はな》のように鮮《あざ》やかな体《からだ》になるのは、メスのみ。オスはメスの約半分《やくはんぶん》の大《おお》きさしかなく、色《いろ》は白《しろ》っぽく、地味《じみ》な見《み》た目《め》です。なぜ、そのような性差《せいさ》があるのかというと、オスはメスを見《み》つけて生殖《せいしょく》する必要《ひつよう》があるため。「素早《すばや》く動《うご》き回《まわ》るには小《ちい》さいほうが有利《ゆうり》だから」というのが定説《ていせつ》です。

DATA

住《す》んでいる場所《ばしょ》… インドやタイ、スマトラ島《とう》、ジャワ島《とう》、ボルネオ島《とう》、マレー半島《はんとう》などの東南《とうなん》アジア、およびアフリカ大陸《たいりく》
大《おお》きさ… 3～8㎝
食《た》べ物《もの》… コオロギなどの昆虫類《こんちゅうるい》
分《ぶん》　類《るい》… 昆虫類《こんちゅうるい》

今《いま》のぺんたの体《からだ》も、ご先祖様《せんぞさま》たちの知恵《ちえ》の集《あつ》まりなのかなぁ

カーディナルフィッシュの「火《ひ》を吹《ふ》く」魔法《まほう》を使《つか》いたい!

プッ
プッ
このごはん
光《ひか》って迷惑《めいわく》なの!

「ねえ、今《いま》ぺんたに向《む》かって火《ひ》を吹《ふ》けるぅぅ？」

「火《ひ》なんて吹《ふ》かないよ」

「ピカピカ光《ひか》るビームみたいなやつ、写真《しゃしん》で見《み》たよ」

「よくまちがわれるんだけど、あれ、**食事《しょくじ》を『ゲボッ！』て戻《もど》してるだけ**」

「えぇえ！ くさってるものを食《た》べちゃったのぉ？」

「いや、ピカピカしてるウミホタルを飲《の》みこんじゃったのよ。あいつは、ぼくの胃《い》のなかでも光《ひか》るんだよ。すると、おなかの皮《かわ》が透《す》けて、ピカピカが目立《めだ》つから、今度《こんど》はぼくが敵《てき》に見《み》つかりやすくなるでしょ？ やばいから、そういう時《とき》はあわてて吐《は》くの」

「えぇえ〜。体《からだ》が光《ひか》るなんて、かっこいいのにぃ」

「**吐《は》かないと食《た》べられちゃうんだもん。**かっこいいとか言《い》ってられないよ」

「そっかぁ。ぺんたから見《み》たらかっこいい魔法《まほう》だけど、大変《たいへん》なこともあるんだねぇ」

ぺんたもウミホタルさんを体《からだ》のなかに飼《か》ってみたいぃ

ウミホタルには「生物発光《せいぶつはっこう》」という性質《せいしつ》があり、敵《てき》から刺激《しげき》を受《う》けると威嚇《いかく》のために光《ひかり》を放《はな》ちます。仲間《なかま》に危険《きけん》を知《し》らせるサインでもあります。ウミホタルが分泌《ぶんぴつ》する発光物質《はっこうぶっしつ》（ルシフェリン）が発光酵素《はっこうこうそ》（ルシフェラーゼ）により海中《かいちゅう》の酸素《さんそ》と反応《はんのう》し、酸化《さんか》する際《さい》に光《ひか》るという仕組《しく》みです。カーディナルフィッシュの体《からだ》は半透明《はんとうめい》なので、ウミホタルを飲《の》みこむと、腹部《ふくぶ》が青白《あおじろ》く光《ひか》ってしまうのです。

DATA

住《す》んでいる場所《ばしょ》… 地中海《ちちゅうかい》とその周辺《しゅうへん》の西大西洋《にしたいせいよう》、アゾレス諸島《しょとう》、カナリー諸島周辺海域《しょとうしゅうへんかいいき》

大《おお》きさ… 15㎝前後《ぜんご》

食《た》べ物《もの》… エビ、カニ、魚《さかな》の卵《たまご》、稚魚《ちぎょ》

分類《ぶんるい》… 魚類《ぎょるい》

ダチョウの「千里眼《せんりがん》」の魔法《まほう》を使《つか》いたい！

「おおーい、踏《ふ》んじゃうよ。きみ、だあれ？」

「ペンギンの、ぺんただよぉ」

「ダチョウのダッチーだよ」

「ダチョウさんって、40mも先《さき》のアリさんの行進《こうしん》が、ハッキリ見《み》えるんでしょう？」

「うん。目《め》がよくないと、敵《てき》から身《み》を守《まも》れないし、えさもつかまえられないからね」

「ぺんたも、うんと遠《とお》くの小《ちい》さいものを、見《み》たいのぉ」

「じゃあ、**目《め》を大《おお》きくするといいよ。直径《ちょっけい》約《やく》5㎝、重《おも》さは片方《かたほう》だけで約《やく》60g、両目《りょうめ》で約《やく》120g**。でもね、脳《のう》みそは約《やく》40gしかないの。脳《のう》みそより目《め》を大《おお》きくしたから、身《み》を守《まも》れるけど、すぐにいろんなことを忘《わす》れちゃうんだ」

「でも、目《め》がよく見《み》えるって、うらやましいよぉ。ぼくも目《め》を大《おお》きくすれば、視力《しりょく》がアップするかなぁ」

「そうかもねぇ。ところで、きみ、誰《だれ》だっけ？」

「わぁ、もう忘《わす》れちゃってる。ぺんただよお〜」

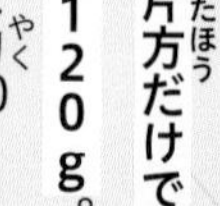

よぉし、おめめを大《おお》きくすればいいんだね！

DATA

住《す》んでいる場所《ばしょ》… アフリカ
大《おお》きさ… 1.8ｍ
食《た》べ物《もの》… 植物《しょくぶつ》の草《くさ》や根《ね》、種《たね》、若芽《わかめ》、昆虫《こんちゅう》類《るい》、トカゲなどの小動物《しょうどうぶつ》
分《ぶん》類《るい》… 鳥類《ちょうるい》

ダチョウは「動物《どうぶつ》のなかでいちばん視力《しりょく》がよい」とされています。10km先《さき》のものを見分《みわ》けられる説《せつ》もあります。目《め》がいい理《り》由《ゆう》は、直径《ちょっけい》5㎝、重《おも》さは60ｇ（片目《かため》）と「眼球《がんきゅう》が大《おお》きいから」（人間《にんげん》は直径約《ちょっけいやく》2.5cm、重《おも》さ約《やく》7g）。人間《にんげん》の場合《ばあい》、「視力《しりょく》2.0」と聞《き》くと「視力《しりょく》がよい」と感《かん》じますがダチョウの視力《しりょく》の推定《すいてい》値《ち》は「25」。生息地《せいそくち》にチーターやライオンなどもいるため、目《め》が悪《わる》いと生《い》き残《のこ》れないのです。

ウミガメの『息《いき》をしない』魔《ま》法《ほう》を使《つか》いたい！

「ウミガメさんは15度《ど》くらいの海《うみ》なら、ペンギンの12倍《ばい》、6時間《じかん》ももぐれるよね。どんな魔法《まほう》を使《つか》っているのぉ？」

「海中《かいちゅう》で使《つか》う酸素《さんそ》の量《りょう》を節約《せつやく》してる。28・5度《ど》の海《うみ》で休《やす》んでいる時《とき》、1分間《ぷんかん》に0・7㎖、活動中《かつどうちゅう》でも1㎖しか使《つか》わないよ。ほかの動物《どうぶつ》とくらべると、人《ひと》もハンドウイルカも、キングペンギンも、1分間《ぷんかん》の

DATA

住《す》んでいる場所《ばしょ》…寒帯以外《かんたいいがい》の世界中《せかいじゅう》の海《うみ》
大《おお》きさ…60cm～2m（甲長《こうちょう》／最小種《さいしょうしゅ》のヒメウミガメ～最大種《さいだいしゅ》のオサガメ）
食《た》べ物《もの》…貝《かい》などの軟体動物《なんたいどうぶつ》、ヤドカリなどの節足動物《せっそくどうぶつ》、海草《かいそう》・海藻《かいそう》、カイメン、クラゲ類《るい》、魚類《ぎょるい》、甲殻類《こうかくるい》など
分《ぶん》　類《るい》…はちゅう類《るい》

心臓《しんぞう》のドキドキの回数《かいすう》は、自分《じぶん》では変《か》えられないよぉぉ～！

酸素《さんそ》消費量《しょうひりょう》は10㎖以上《いじょう》なの。だからぼくは、これらの動物《どうぶつ》たちより10倍以上《ばいいじょう》も酸素《さんそ》を節約《せつやく》できているんだ。水《みず》にもぐる肺呼吸動物《はいこきゅうどうぶつ》は、酸素《さんそ》と車《くるま》のガソリンの関係《かんけい》にたとえられるよ。ぼくは、すごく燃費《ねんぴ》のいいエンジンを積《つ》んでいる車《くるま》と同《おな》じなの」

「酸素《さんそ》の節約法《せつやくほう》、教《おし》えてぇ」

「ほにゅう類《るい》みたいに、自分《じぶん》で熱《ねつ》をつくらなくていいから、酸素《さんそ》を使《つか》う量《りょう》が少《すく》なくてすむの。それと心臓《しんぞう》のドキドキの回数《かいすう》を、ゆっくりにする。水面《すいめん》では1分間《ぷんかん》に20回《かい》だけど、水中《すいちゅう》では5回《かい》にしてる」

息《いき》してないの しんぱいで ドキドキ するよおお～
……

人間同様《にんげんどうよう》、肺呼吸《はいこきゅう》をしているウミガメ。呼吸《こきゅう》のため随時海面《ずいじかいめん》まで行《い》く必要《ひつよう》があります。けれども常温《じょうおん》で40～60分《ぷん》、冷水《れいすい》の場合《ばあい》、最長《さいちょう》で10時間《じかん》も潜《もぐ》り続《つづ》けることが可能《かのう》。肺呼吸《はいこきゅう》をする潜水動物《せんすいどうぶつ》のなかでも世界一《せかいいち》の低《てい》燃費《ねんぴ》ダイバーです。その理由《りゆう》は、酸素消費速度《さんそしょうひそくど》が遅《おそ》く、心拍数《しんぱくすう》が低《ひく》いから。一方《いっぽう》、ペンギンが長時間潜水《ちょうじかんせんすい》できるのは、おなかの体温《たいおん》を一時的《いちじてき》に下《さ》げることができるから（＝体温維持《たいおんいじ》のための代謝《たいしゃ》を抑《おさ》えるから）。

キタゾウアザラシの『寝《ね》ない』魔《ま》法《ほう》を使《つか》いたい！

「キタゾウアザラシさんって、長《なが》いときは8か月《げつ》も陸《りく》に戻《もど》らないで海《うみ》で過《す》ごすの？」

「えさを探《さが》すためにね」

「その間《あいだ》、海《うみ》のなかでは寝《ね》ないんでしょっ？　その魔法《まほう》、私《わたし》も知《し》りたいのっ」

「実《じつ》は敵《てき》が少《すく》なそうな海《うみ》で潜《もぐ》りながら寝《ね》てるの。150mくらいの深《ふか》さから下《した》へ向《む》かってクルクルって、ゆっくり回《まわ》りながらね」

「寝《ね》てるのっ!?　でも、ゆっくり回《まわ》りながらなんて、疲《つか》れが取《と》れないんじゃない？」

「ふつうに水面《すいめん》で休《やす》みたいけど、水面近《すいめんちか》くにはホホジロザメとか敵《てき》も多《おお》いんだよね」

「こわーい！　でも、寝《ね》ちゃったら、自分《じぶん》がどこにいるのかわからなくならないの？」

「ぼくね、地球《ちきゅう》の磁場《じば》を感《かん》じられるから、方角《ほうがく》がすぐわかるの。だから、間違《まちが》えずに戻《もど》れるよ」

「磁場《じば》を感《かん》じるって、なに？」

「体《からだ》に方位磁針《ほういじしん》がうめこまれている感《かん》じだよ」

くるくる回《まわ》りながら寝《ね》るなんて、木《こ》の葉《は》みたいだぁ

キタゾウアザラシは、２～８か月《げつ》の回遊中《かいゆうちゅう》、どのように休息《きゅうそく》しているのか。この謎《なぞ》は、３Ｄデータロガー（水中《すいちゅう》の動《うご》きが立体的《りったいてき》に見《み》える記録計《きろくけい》）をとりつけること（バイオロギング）によって明《あき》らかになりました。「敵《てき》のいない深度《しんど》から、あお向《む》けの状態《じょうたい》で潜降《せんこう》し、休《やす》み始《はじ》める」とわかったのです。アザラシは肺《はい》の中《なか》の空気《くうき》を減《へ》らした状態《じょうたい》で潜《もぐ》り始《はじ》め、水圧《すいあつ》で肺《はい》の空気《くうき》が圧縮《あっしゅく》されると、沈《しず》みます。

DATA

住《す》んでいる場所《ばしょ》… 北太平洋《きたたいへいよう》（繁殖《はんしょく》はバハ・カリフォルニアの中部《ちゅうぶ》からカリフォルニア北部《ほくぶ》までの海岸《かいがん》や島々《しまじま》）
大《おお》きさ… 2.5 ～ 6 m
食《た》べ物《もの》… イカ、小型《こがた》のサメ、深海魚《しんかいぎょ》
分《ぶん》　類《るい》… ほにゅう類《るい》

ヤモリの『壁《かべ》を走《はし》る』魔法《まほう》を使《つか》いたい！

「ヤモリさんって、壁《かべ》にくっついて走《はし》れるよねぇ。吸盤《きゅうばん》とかのりを使《つか》ってるの？」

「ううん。じつはね、足《あし》の指《ゆび》の裏《うら》に、細《こま》かい毛《け》がびっしり生《は》えてるの。1本《ぽん》の指《ゆび》に650万本《まんぼん》もあるんだ。さらにそのさきっちょが、ヘラみたいな毛《け》に枝分《えだわ》かれしてるんだよ」

「毛《け》が生《は》えてると、どうしてくっつくのお？」

「壁《かべ》の表面《ひょうめん》って平《たい》らに見《み》えるけれど、顕微鏡《けんびきょう》で見《み》ると凸凹《おうとつ》がある。毛《け》がそことピタッとかみあうと、引《ひ》っ張《ぱ》られて、壁《かべ》にくっつくんだ」

「指《ゆび》の毛《け》を生《は》やして、壁《かべ》の表《ひょう》面《めん》にかみあわせるんだぁ」

「うん。ただ、とても細《ほそ》い毛《け》じゃないとだめだよ」

「どのくらいぃ？」

「ぼくの毛《け》は『1000分《ぶん》の1ミリ』の毛先《けさき》が、『1000分《ぶん》の1マイクロメートル』の毛《け》に分《わ》かれてるんだ」

「だから見《み》えないんだねぇ」

壁《かべ》の凸凹《おうとつ》がたくさんあれば、ぺんたも掴《つか》めるのになぁ

ヤモリの接着《せっちゃく》の仕組《しく》みは2000年頃《ねんごろ》に解明《かいめい》されました。ミクロサイズの微細毛《びさいけ》が密集《みっしゅう》し、その先《さき》はナノサイズの超微細毛《ちょうびさいもう》に枝分《えだわ》かれしています。ヤモリはこのような構造《こうぞう》をいかし「ファンデルワールス力《りょく》」（原子《げんし》や分子《ぶんし》の間《あいだ》に働《はたら》く引力《いんりょく》）を利用《りよう》しています。「ある原子中《げんしちゅう》の電子《でんし》が磁場《じば》を生《う》み出《だ》し、その刺激《しげき》でとなりの原子《げんし》の中《なか》の電子《でんし》が引《ひ》き付《つ》けられる」という原理《げんり》です。接着《せっちゃく》テープにこの仕組《しく》みが応用《おうよう》されています。

DATA

住《す》んでいる場所《ばしょ》… 温帯《おんたい》、亜熱帯《あねったい》、熱帯《ねったい》に位置《いち》する全大陸《ぜんたいりく》
大《おお》きさ… 1.6～42㎝（※最小種《さいしょうしゅ》の「スファエロダクチルス・アリアサエ」～最大種《さいだいしゅ》のツギオミカドヤモリ）
食《た》べ物《もの》… 昆虫類《こんちゅうるい》（コオロギ、バッタ、蛾《が》など）、クモ
分《ぶん》　類《るい》… はちゅう類《るい》

タマムシの『虹色《にじいろ》』の魔法《まほう》を使《つか》いたい！

「虹《にじ》みたいにきれいなタマムシさぁあん、ぺんたもキラキラになりたいよう」

「ぺんたくんの体《からだ》には毛《け》が生《は》えてるから、むずかしいよ」

「どうしてぇえ。ぺんた、キラキラ光《ひか》る虹《にじ》になって、みんなに喜《よろこ》んでもらいたいのぉ」

「うわー、素敵《すてき》なゆめだね！ぼくの場合《ばあい》、敵《てき》に見《み》つかりたくなくて、色《いろ》が変《か》わって見《み》え

るようにしているだけなんだけどね……。ひみつをうちあけると、ぼくの体《からだ》って特別《とくべつ》なの。羽《はね》の本当《ほんとう》の色《いろ》は緑《みどり》なんだけれど、見《み》る角度《かくど》によっては赤《あか》や黄《き》に光《ひか》って見《み》えるでしょう？ これって、透明《とうめい》のうすい層《そう》が20枚《まい》ほど重《かさ》なっているからなの。電子顕微鏡《でんしけんびきょう》で見《み》ないと、わからないけれどもね」

「ぺんたも、うすーいマントを何枚《なんまい》もかさねて着《き》れば、虹《にじ》みたいに見《み》えるかなぁ」

「そうかもね。暗《くら》いところにいるんじゃなくて、光《ひかり》を当《あ》てるところがポイントだよ！」

南極《なんきょく》のオーロラみたいだねっ

透明《とうめい》の布《ぬの》を何枚《なんまい》も重《かさ》ねて着《き》れば、キラキラになれるってことぉぉ？

タマムシの色《いろ》は、「形《かたち》」がつくっていることから「構造色《こうぞうしょく》」と呼《よ》ばれます。光《ひかり》が当《あ》たると、色鮮《いろあざ》やかに反射《はんしゃ》します。それが美《うつく》しい虹《にじ》のように見《み》えるというわけです。いったいなぜ、このような美《うつく》しさを身《み》につけたのかというと「天敵《てんてき》である鳥《とり》がきらうから」という理由《りゆう》が有力《ゆうりょく》。タマムシは幼虫《ようちゅう》として3年間《ねんかん》を過《す》ごしますが、成虫《せいちゅう》の寿命《じゅみょう》はわずか1か月《げつ》。輝《かがや》きは、生《い》き残《のこ》るための工夫《くふう》なのかもしれません。

DATA

住《す》んでいる場所《ばしょ》…本州《ほんしゅう》・四国《しこく》・九州《きゅうしゅう》
大《おお》きさ…25～40mm
食《た》べ物《もの》…成虫《せいちゅう》はエノキの葉《は》、幼虫《ようちゅう》はカキやサクラ、エノキなどの木《き》のなかを食《た》べながら進《すす》む
分類《ぶんるい》…昆虫類《こんちゅうるい》

キューカンチョーの『ものまね』の魔法《まほう》を使《つか》いたい！

「キューカンチョーさんの声《こえ》って、人《ひと》の声《こえ》みたい。人《にん》間《げん》と同《おな》じようなのどなの？」

「そうでもないよ。たとえば、人間《にんげん》が音《おと》をつくる『声帯《せいたい》』は、ぼくにはない。かわりに『鳴管《めいかん》』っていうふるえる部《ぶ》分《ぶん》がある。しかもその位置《いち》が、変《へん》なところなんだ。声帯《せいたい》は、気管《きかん》の上《うえ》ののどにあるんだけど、鳴管《めいかん》は気管《きかん》の下《した》にあるの」

「のどじゃなく、むねのほうで声《こえ》を出《だ》してるってこと?」

「そう。人間《にんげん》と大違《おおちが》い。ただ、**ぼくの鳴管《めいかん》からくちばしの長《なが》さって、人間《にんげん》の子《こ》どもが声《こえ》をつくる道《みち》の長《なが》さとほとんど同《おな》じ**。だから、声《こえ》のとくちょうが似《に》ているんだ」

「やっぱり似《に》てるんだ!」

「うん。でも、ちゃんと練習《れんしゅう》しないとダメ。生《う》まれたあと半年《はんとし》くらいまでに特訓《とっくん》しないと。とくにむずかしいのは『マ』『パ』『バ』っていう音《おと》。くちばしを開《あ》けたまま、この音《おと》を出《だ》せるのって、すごいことなんだよ」

人工咽頭《じんこういんとう》のモデルにされたこともある九官鳥《きゅうかんちょう》。人間《にんげん》の声《こえ》まねができるのは、擬態《ぎたい》の一種《いっしゅ》です。インコ類《るい》のように舌《した》で発音《はつおん》するのではなく、鳴管《めいかん》で発音《はつおん》する。「抑揚《よくよう》」と「ピッチ(音《おと》の高《たか》さ)の揺《ゆ》らぎ」「声《こえ》の特徴《とくちょう》」(共鳴周波数《きょうめいしゅうはすう》の帯域《たいいき》)が、人間《にんげん》に非常《ひじょう》に似《に》ています。また、人間《にんげん》のイントネーションやリズムをまねることもできるため、人《ひと》が話《はな》しているように聞《き》こえるのです。

エサになる虫《むし》さんの鳴《な》き声《ごえ》をまねして、おびきよせることもあるんだってぇ

DATA

住《す》んでいる場所《ばしょ》… インド、インドネシア、カンボジア、タイ、中国《ちゅうごく》、ネパール、フィリピン、ブータン、ブルネイ、ベトナム、マレーシア、ミャンマー、ラオス、香港《ほんこん》、マカオ、プエルトリコなど

大《おお》きさ… 30 ～ 40cm

食《た》べ物《もの》… 果実《かじつ》や昆虫《こんちゅう》など

分《ぶん》　類《るい》… 鳥類《ちょうるい》

鳥類最小《ちょうるいさいしょう》の鳥《とり》。空中《くうちゅう》で静止《せいし》したり、うしろ向《む》きに飛《と》んだりすることもできます。代謝《たいしゃ》が高《たか》く、大量《たいりょう》の酸素《さんそ》を消費《しょうひ》します。そのため、えさを多《おお》くとらねばなりません。とはいえ丈《じょう》夫《ぶ》で長寿《ちょうじゅ》な生《い》きものとして知《し》られ、飼育下《しいくか》では17年生《ねんい》きた例《れい》も報告《ほうこく》されています。心拍数《しんぱくすう》は、木《き》に止《と》まっている状態《じょうたい》でも1分間《ぷんかん》に平均《へいきん》500回《かい》。生涯《しょうがい》に刻《きざ》む総心拍数《そうしんぱくすう》は、45億回《おくかい》。70歳《さい》の人間《にんげん》のほぼ2倍《ばい》にのぼります。

はちどりの『浮《う》く』魔法《まほう》を使《つか》いたい！

DATA

住《す》んでいる場所《ばしょ》… アメリカ大陸《たいりく》、西《にし》インド諸島《しょとう》
大《おお》きさ… 5～24cm
食《た》べ物《もの》… 花《はな》の蜜《みつ》、昆虫類《こんちゅうるい》など
分《ぶん》類《るい》… 鳥類《ちょうるい》

まずは1分間《ぷんかん》で1000回《かい》、羽《は》ばたきしてみりゅぅぅ

ふおおおお〜〜っ

「はちどりさんって、いつもお空《そら》に浮《う》いてりゅねぇ」

「浮《う》いてるんだけど、実《じつ》は、他《ほか》の鳥《とり》さんと同《おな》じように羽《はね》を動《うご》かしてるわ。耳《みみ》をすますと、ブーンって聞《き》こえるわよ」

「えっ、魔法《まほう》じゃないの？」

「そうよ。こう見《み》えて、1秒《びょう》間《かん》に55回《かい》は羽《は》ばたいてるの」

「毎日《まいにち》、つかれるねぇぇ」

「そうね。私《わたし》たちは、羽《は》ばた

きをしなきゃいけないから、体《からだ》の30%は胸《むね》の筋肉《きんにく》なの。しかも、とっても丈夫《じょうぶ》な筋肉《きんにく》よ。それに、急《いそ》いで飛《と》ぶと1分間《ぷんかん》で1260回《かい》も心臓《しんぞう》がドキドキするようにできてるの。人間《にんげん》のスポーツ選手《せんしゅ》の約《やく》10倍《ばい》も多《おお》くの酸素《さんそ》を使《つか》っちゃうんですって」

「ちっちゃな体《からだ》なのにねえ」

「そうなの。しかもヤセの大《おお》食《ぐ》いでね、えさを大量《たいりょう》に食《た》べるのよ。体重《たいじゅう》は2~20gなんだけれど、1日《にち》に体重《たいじゅう》の2倍《ばい》のえさを食《た》べてるの」

「見《み》えない努力《どりょく》してりゅんだねえぇ。尊敬《そんけい》だよぉ」

イルカの『テレパシー』の魔法《まほう》を使《つか》いたい！

ぺんた、
"イルカさんたち
何《なに》話《はな》してるんだろう"
って思《おも》ってるでしょっ

とりあえず、メロンを頭《あたま》の上《うえ》にのせてぇ、イルカさん気分《きぶん》を味《あじ》わうのぉぉ。キャッキャッ♪

「イルカさんってえ、敵《てき》に見《み》つからずにヒソヒソ話《ばなし》をするのがうまいって聞《き》いたよ」

「うん。こわいシャチにバレないようにしてるの」

「うわぁ、テレパシーだねぇ！ その魔法《まほう》、教《おし》えてぇ」

「でも、メロンが必要《ひつよう》だから、ぺんたくんにはムリかも」

「メロン？ 果物屋《くだものや》さんで買《か》ってくりゅうう！」

「あはは。**メロンっていうのは、ぼくの頭《あたま》のボコッとでっぱったところ。脂《あぶら》や繊維《せんい》がつまってて、プヨプヨなの。ここに、自分《じぶん》が発信《はっしん》する超音波《ちょうおんぱ》を全部集《ぜんぶあつ》めて、発射《はっしゃ》するんだ**」

「どうやって受《う》け取《と》るの？」

「**超音波《ちょうおんぱ》がものにぶつかってはねかえってくるのを、あごで受《う》け止《と》めて、耳《みみ》の骨《ほね》で感《かん》じ取《と》るんだよ**」

「その超音波《ちょうおんぱ》ってやつ、コウモリさんも使《つか》ってるって言《い》ってたぁ」

「そう、同《おな》じだよ。ぼくたち、目《め》よりも耳《みみ》からの情報《じょうほう》をたよりにしてるの」

超音波《ちょうおんぱ》を発《はっ》し、その跳《は》ね返《かえ》りを受信《じゅしん》することで獲物《えもの》の位置《いち》を特定《とくてい》したり、仲間《なかま》とコミュニケーションをとります。人間《にんげん》はこれを真似《まね》て、潜水艦《せんすいかん》を見《み》つけるソナーや非破壊検査《ひはかいけんさ》や医療診断《いりょうしんだん》、魚群探知《ぎょぐんたんち》などを開発《かいはつ》しました。また海外《かいがい》の視覚障《しかくしょう》がい者《しゃ》が独学《どくがく》で反響定位《はんきょうていい》を習得《しゅうとく》した例《れい》も報《ほう》じられています。舌打《したう》ちを訓練《くんれん》し、その跳《は》ね返《かえ》りを聴《き》くことで周囲《しゅうい》の状況《じょうきょう》を知《し》ることができます。

DATA

住《す》んでいる場所《ばしょ》… 世界中《せかいじゅう》の海《うみ》、川《かわ》や淡水《たんすい》・汽水域《きすいいき》に住《す》む種《しゅ》もいる

大《おお》きさ… 1.3～4m

食《た》べ物《もの》… 魚類《ぎょるい》（ニシン、トビウオ、ゴマサバ、キンメダイ、ウツボなど）、甲殻類《こうかくるい》（エビ）、軟体動物《なんたいどうぶつ》（タコ、イカなど）

分《ぶん》　類《るい》… ほにゅう類《るい》

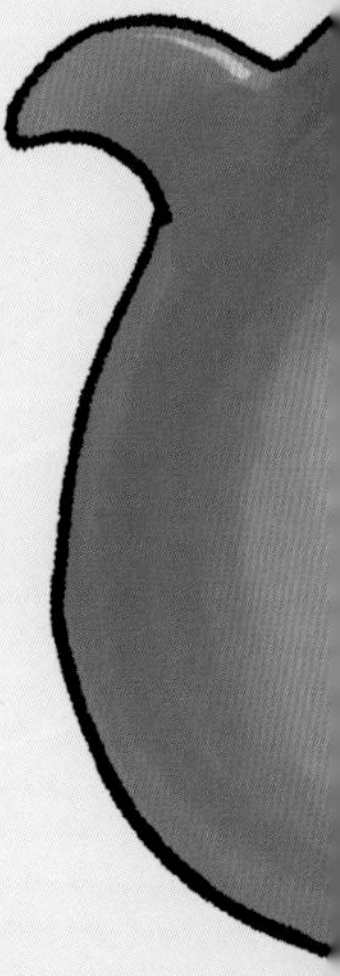

えっ
小春《こはる》も テレパシー
つかえるのぉぉ～!?

鮭《さけ》の『迷子《まいご》にならない』魔法《まほう》を使《つか》いたい！

「鮭《さけ》さんって、大人《おとな》になったら遠《とお》い海《うみ》に行《い》くでしょぉお。そして卵《たまご》を産《う》みに、生《う》まれた川《かわ》にもどってくるじゃない？　うんと遠《とお》い海《うみ》からふるさとまで、なぜ迷《まよ》わずに帰《かえ》ってこられるのぉお？」

「**海《うみ》に出《で》ると、地球《ちきゅう》の磁場《じば》を感《かん》じて方角《ほうがく》を知《し》るの**」

「キタゾウアザラシさんと同《おな》じだぁ。体《からだ》に方位磁針《ほういじしん》がうめ

DATA

住《す》んでいる場所《ばしょ》…北太平洋《きたたいへいよう》、日本海《にほんかい》、ベーリング海《かい》、オホーツク海《かい》、アラスカ湾《わん》全体《ぜんたい》、北極海《ほっきょくかい》の一部《いちぶ》に分布《ぶんぷ》、産卵時《さんらんじ》にはこれらに注《そそ》ぐ川《かわ》をさかのぼる

大《おお》きさ…60cm ～ 1 m

食《た》べ物《もの》…稚魚《ちぎょ》、小型魚類《こがたぎょるい》、頭足類《とうそくるい》（イカ）、動物《どうぶつ》プランクトン（オキアミ類《るい》、ウミノミ類《るい》）、巻貝《まきがい》、クラゲなど

分《ぶん》　類《るい》…魚類《ぎょるい》

こまれている感《かん》じなの？」

「うん。でも、それだけじゃない。**磁場《じば》をたよりにふるさとの近《ちか》くにもどってくると、今度《こんど》はどの川《かわ》だったか見分《みわ》けるために、においをかいでる**」

「鮭《さけ》さんって、鼻《はな》がいいの？」

「**人間《にんげん》の100万倍《まんばい》、においを感《かん》じ取《と》れるよ。あとは太陽《たいよう》の向《む》きや、水温《すいおん》、海流《かいりゅう》の向《む》きとか、戻《もど》るまでの時間《じかん》なんかを手《て》がかりにしている**」

「ふるさとまでのきょりの最《さい》高記録《こうきろく》って、どれくらい？」

「約《やく》2か月間《げっかん》に、3000㎞近《ちか》くも泳《およ》いで、ふるさとに帰《かえ》ったなかまがいたってさ」

ぺんたたちもできるんだってぇ
なつかしいにおいを頼《たよ》りにすすむんだ

方位磁針《ほういじしん》をもってみりゅぅぅ。あれれ、見方《みかた》がわからないよぉ……

母川回帰《ぼせんかいき》できる理由《りゆう》については諸説《しょせつ》あります。「視覚《しかく》」や「地磁気《ちじき》」、「日《ひ》の出《で》・日《ひ》の入《い》りの太陽《たいよう》の角度《かくど》」……。「体内時計《たいないどけい》で生《う》まれた川《かわ》まで戻《もど》る時間《じかん》を正確《せいかく》に記憶《きおく》している」、「海流《かいりゅう》を体感《たいかん》して泳《およ》ぐ向《む》きを決定《けってい》している」という説《せつ》も。「地磁気《ちじき》や太陽《たいよう》コンパス、嗅覚《きゅうかく》など複数《ふくすう》の方法《ほうほう》を組《く》み合《あ》わせている」という説《せつ》が有力《ゆうりょく》です。生《う》まれた場所《ばしょ》に戻《もど》る生物《せいぶつ》としてはウミガメも有名《ゆうめい》です（そのメカニズムも、同《おな》じく未解明《みかいめい》）。

ヒトデの『瞬間《しゅんかん》移動《いどう》』の魔法《まほう》を使《つか》いたい!

このくらい
よゆーでしょ♪
するっ
よけい
からまったぁ〜

「ヒトデさんって、体《からだ》をしばられてもにげられるって聞《き》いたよぉ。瞬間移動《しゅんかんいどう》の魔法《まほう》、教《おし》えてぇ」

「えっ、なんでぇ？」

「ぺんたくんには、痛《いた》いかも」

「ぼくのうでには、いろんな形《かたち》の1㎜くらいの骨《ほね》がならんでいるの。その骨《ほね》って、じつは関節《かんせつ》にもなってくれるんだよね。だから、うでを自由《じゆう》にまげられるってわけ」

「えええ！ すごい！」

「それだけじゃない、関節《かんせつ》と関節《かんせつ》をつないでいる部分《ぶぶん》をやわらかくすると、腕《うで》をのばしたり、ちぢめたりもできるの。だからどんなにしばられても、うでの形《かたち》を好《す》きなように変《か》えることで、スルッて抜《ぬ》け出《だ》せちゃうんだよねぇ」

「確《たし》かに、痛《いた》そうだねぇ……」

「そう、ぼくたちは特別《とくべつ》な体《からだ》なんだ。あと、ほとんどのヒトデは、どこかがなくなっても、中心部分《ちゅうしんぶぶん》とうでが1本《ぽん》残《のこ》っていれば、再生《さいせい》してもとのすがたにもどれるんだよ」

ぺんたも関節《かんせつ》を外《はず》してグニャグニャになればできるかなぁ～？

ヒトデの体《からだ》は、数多《かずおお》くの骨片《こっぺん》が筋肉《きんにく》や結合組織《けつごうそしき》でつづり合《あ》わされて、形作《かたちづく》られています。そのため、自分《じぶん》の意志《いし》で、関節《かんせつ》が外《はず》れたような状態《じょうたい》になれるのです。関節《かんせつ》を外すことは、人間《にんげん》でもできることがあります。体壁《たいへき》には「キャッチ結合組織《けつごうそしき》」という組織《そしき》があり、体壁《たいへき》の硬《かた》さも短時間《たんじかん》で変《か》えられます。再生能力《さいせいのうりょく》にも優《すぐ》れています。

DATA

住《す》んでいる場所《ばしょ》… 世界中《せかいじゅう》の海《うみ》
大《おお》きさ… 幅《はば》（ヒトデの中心《ちゅうしん》から腕《うで》の先端《せんたん》までの長《なが》さ）2mm ～ 68cm
食《た》べ物《もの》… 貝類《かいるい》、サンゴ類《るい》、海綿類《かいめんるい》、イソギンチャク類《るい》、甲殻類《こうかくるい》、ウニ類《るい》、クモヒトデ類《るい》、魚類《ぎょるい》、海藻類《かいそうるい》、魚類《ぎょるい》やほにゅう類《るい》の死骸《しがい》やプランクトン
分《ぶん》　類《るい》… 棘皮動物《きょくひどうぶつ》

ウーパールーパーの『老《ふ》けない』魔《ま》法《ほう》を使《つか》いたい！

「ウーパールーパーさん、年《とし》をとらないってほんとぉ？」

「いや、年《とし》はとってるよ。パートナーがいれば子《こ》どもだってつくれちゃう。でも見《み》た目《め》が幼《おさな》いままなんだよねぇ」

「なぜ、そんな魔《ま》法《ほう》を使《つか》っているのおお？」

「大人《おとな》になる可能性《かのうせい》を残《のこ》しておくと、長生《ながい》きしやすくなるからさ。もしこれから環境《かんきょう》

DATA

住《す》んでいる場所《ばしょ》… メキシコ市《し》近《ちか》くのソチミルコ湖《こ》とその周辺《しゅうへん》
大《おお》きさ… 10～30cm
食《た》べ物《もの》… 軟体動物《なんたいどうぶつ》、魚類《ぎょるい》、幼虫《ようちゅう》、甲殻類《こうかくるい》、ミミズなど
分《ぶん》　類《るい》… 両生類《りょうせいるい》

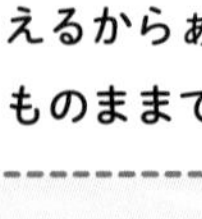

体《からだ》をつくり直《なお》す魔法《まほう》が使《つか》えるからぁ、わざと子《こ》どものままでいるんだぁ

ウーパールーパーは、未熟《みじゅく》な幼生《ようせい》の姿《すがた》を残《のこ》します（幼形成熟《ようけいせいじゅく》）。両生類《りょうせいるい》は通常《つうじょう》、幼生時《ようせいじ》にエラ呼吸《こきゅう》を行《おこな》い、成長《せいちょう》すると変態《へんたい》して肺呼吸《はいこきゅう》に切《き》り替《か》わるものですが、ウーパールーパーは変態《へんたい》しません。また「幼生時《ようせいじ》にのみ驚異的《きょういてき》な再生能力《さいせいのうりょく》を発揮《はっき》できるため」とも言《い》われます。「体《からだ》の一部《いちぶ》を再生《さいせい》する」というレベルを超《こ》え、脳《のう》やせき髄《ずい》をつくり直《なお》すことさえできるのです。

が急《きゅう》に変《か》わったら、大人《おとな》の姿《すがた》に変身《へんしん》することにしてるの。そのほうが生《い》きやすいかもしれないから。でも、何《なに》もないのに大人《おとな》の姿《すがた》になってしまったら、何《なに》かあっても、それ以上《いじょう》は変《か》われない。だから可能性《かのうせい》は、いざというときのためにとっておくんだよ」

「ずっと子《こ》どもでいられるんだあ。なかまは、みんなそう考《かん》えてるの？」

「早《はや》く大人《おとな》になっちゃうなかまがいるけど、なぜか早《はや》く死《し》ぬ。だから子《こ》どもみたいな見《み》た目《め》で満足《まんぞく》してる。野生《やせい》だと15年《ねん》くらい生《い》きられるよ」

あ、わたくち こう見《み》えて 30さいでちゅ
ピーターパン
あらっ 意外《いがい》と 大人《おとな》なんだねっ
ぺんたですぅぅ 2カ月《げつ》ですぅぅ

ミイデラゴミムシの『爆発《ばくはつ》』の魔法《まほう》を使《つか》いたい！

「100度《ど》の熱《あつ》いおならをするのって、きみぃ？」

「そう。かいでみる？」

「においはいらないからぁ、その魔法《まほう》の使《つか》いかただけ教《おし》えてぇ。100度《ど》のおならが、おなかに入《はい》ってるのぉ？」

「ちがうよ。2つのとくべつな液体《えきたい》が入《はい》ったふくろを持《も》っているんだけど、それを一瞬《いっしゅん》でまぜて100度《ど》のお

ならを自分《じぶん》でつくってるの」

「おなかのなかに実験室《じっけんしつ》があるみたいな感《かん》じいい？」

「そう。だから**敵《てき》に飲《の》みこまれても、おならさえすれば、はきだしてもらえる。**カエルに食《た》べられたミイデラゴミムシの40％以上《いじょう》が、はきだされていきのびてるんだよ」

「でも、おならができた瞬間《しゅんかん》に、自分《じぶん》のおなかをやけどしたりしないの？」

「おならは、できた瞬間《しゅんかん》に外《そと》へふきだしてるから。それに、おならができるところのつくりが丈夫《じょうぶ》にできていて、体《からだ》に熱《ねつ》が伝《つた》わらないの」

袋《ふくろ》入《い》りの「ヒドロキノン」と「過酸化水素《かさんかすいそ》」を、腹《はら》に持《も》っています。敵《てき》に襲《おそ》われた時《とき》、その２つと腹《はら》の先端《せんたん》にある袋入《ふくろい》りの酵素《こうそ》をまぜ、100度のガスを発生《はっせい》させます。それが、おならです。つかまえると、「プッ！」という音《おと》を聞《き》けます。人《ひと》の皮膚《ひふ》についた場合《ばあい》、色《いろ》が茶色《ちゃいろ》に変色《へんしょく》し、１か月《げつ》ほど取《と》れません。もし両生類《りょうせいるい》に食《た》べられても、その消化管《しょうかかん》の中《なか》で、しばらく生《い》き残《のこ》ることができます。

DATA

住《す》んでいる場所《ばしょ》… 日本《にほん》、中国《ちゅうごく》、朝鮮半島《ちょうせんはんとう》
大《おお》きさ… 11 ～ 18mm
食《た》べ物《もの》… ガの幼虫《ようちゅう》、小《ちい》さい昆虫《こんちゅう》、小動物《しょうどうぶつ》の死骸《しがい》
分《ぶん》　類《るい》… 昆虫類《こんちゅうるい》

博士《はかせ》に頼《たの》んだら、作《つく》ってくれるかなぁ～？

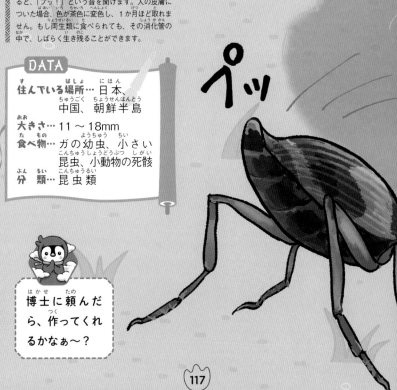

フクロウの『やせる』魔法《まほう》を使《つか》いたい！

「ねえねえフクロウさん！」

「ギャッ！　だれっ!?」

「きゃあ、急《きゅう》にガリガリになったあ。うわさどおりだあ。ぼく、ぺんた。その〝やせる魔法《まほう》〟を教《おし》えてぇえ」

「ぼく、初《はじ》めての相手《あいて》と会《あ》ったり、驚《おどろ》いたりすると、一瞬《いっしゅん》で細《ほそ》くなっちゃうの。そのほうが、見《み》つかりにくくなる気《き》がしてさ。茶色《ちゃいろ》っぽい体《からだ》だし、木《き》の枝《えだ》に見《み》えるでしょ？」

「すごいいい。そのやり方《かた》、ぺんたにも教《おし》えてぇえ」

「すごく簡単《かんたん》だよ。首《くび》をぐっと上《うえ》にのばしてごらん。そして、羽《はね》をすぼめて完成《かんせい》。細《ほそ》くなった体《からだ》を半分回転《はんぶんかいてん》させると、もっと細《ほそ》く見《み》えるはず」

「ぺんた、あんまりお首《くび》がのびないよおお。特訓《とっくん》すりゅうう。ところで細《ほそ》い時《とき》、どんな気《き》分《ぶん》？　スリムな体《からだ》をみんなにじまんしたい感《かん》じ？」

「そんなわけないじゃん。心《こころ》のなかで『見《み》つからないで』って祈《いの》ってるよ」

「ぺんたが守《まも》ってあげりゅう」

ペンギンにもぉ、首《くび》ってあるのかなぁ？

フクロウの仲間《なかま》は、警戒《けいかい》すると一瞬《いっしゅん》で細《ほそ》くなります。これは「木《き》の枝《えだ》に見《み》せかけよう」とする「擬態《ぎたい》」の一環《いっかん》。木《き》にとまった状態《じょうたい》で細《ほそ》くなると、確《たし》かに枝《えだ》に見《み》えなくもありません。種類《しゅるい》によって、細《ほそ》くなる度合《どあい》は異《こと》なります。特《とく》にスリムになることで有名《ゆうめい》なのは「アフリカオオコノハズク」。威嚇《いかく》の際《さい》には、逆《ぎゃく》に大《おお》きくなることでも知《し》られています。体《からだ》の大《おお》きさを気分《きぶん》によって変《か》えるのは、臆病《おくびょう》な性格《せいかく》の表《あらわ》れです。

DATA

住《す》んでいる場所《ばしょ》…南極大陸《なんきょくたいりく》をのぞく世界中《せかいじゅう》

大《おお》きさ…15～75cm（最小種《さいしょうしゅ》の「アカスズメフクロウ」～最大種《さいだいしゅ》の「ワシミミズク」の場合《ばあい》）

食《た》べ物《もの》…ほにゅう類《るい》（ネズミ、モグラ、ウサギ、リス、モモンガなど）、鳥類《ちょうるい》、両生類《りょうせいるい》、はちゅう類《るい》（トカゲ）、昆虫類《こんちゅうるい》（カブトムシ、セミ）

分《ぶん》　類《るい》…鳥　類《ちょうるい》

ヒカリキンメダイの『光《ひか》る』魔法《まほう》を使《つか》いたい！

「どうして、おめめの下《した》が光《ひか》るの？　お化粧《けしょう》してるの？」

「じつはね、**ぼくの目《め》の下《した》って袋《ふくろ》みたいになってて、光《ひか》るバクテリアたちがたくさんすんでるの**」

「ええー！　キラキラ光《ひか》るお友《とも》だちが、お顔《かお》のなかにいるんだぁ。仲《なか》よしなんだね」

「うん。もう離《はな》れられないよ。だってぼくの体《からだ》のなかにいる

スーパーのイカさんにも発光《はっこう》バクテリアがついてるんだってぇぇ

限《かぎ》り、そのバクテリアたちは、だれかに食《た》べられる心配《しんぱい》はないからね。よく『ありがとう』っていわれる」

「わぁあ、キラキラさんに、安全《あんぜん》なおうちを貸《か》してあげてるんだね」

「そのかわり、**ぼくは光《ひか》ることができて、とっても助《たす》かってる。なかまと合図《あいず》できるし、えさも見《み》やすくなるし**」

「いいなぁ。じゃあ、ぺんたも光《ひか》るバクテリアさんたちを飼《か》うよぉお。そしたらぁ、ごはんがよく見《み》えるからぁ、おいしく食《た》べられるねぇ」

「そ、そうだね」

目《め》の下《した》のソラマメ形《がた》の大《おお》きな「発光器《はっこうき》」に、「発光《はっこう》バクテリア（細菌《さいきん》）」を共生《きょうせい》させています。そのため、緑《みどり》がかった強《つよ》い光《ひかり》を放《はな》つことができます。この発光《はっこう》器《き》を表裏《ひょうり》に回転《かいてん》させることで、光《ひかり》を点滅《てんめつ》させ、求愛《きゅうあい》やコミュニケーションに利用《りよう》しています。また光《ひか》ることで、夜間《やかん》でも群《む》れを作《つく》ることができるのです。ただ、外《そと》からの光《ひかり》の刺激《しげき》には大変弱《たいへんよわ》く、明《あか》るい水槽《すいそう》で飼育《しいく》すると発光《はっこう》しなくなり、死《し》ぬこともあります。

DATA

住《す》んでいる場所《ばしょ》…沖縄《おきなわ》より南《みなみ》の中西部太平洋《ちゅうせいぶたいへいよう》
大《おお》きさ…約《やく》30cm
食《た》べ物《もの》…サクラエビ、コマセアミなど
分《ぶん》　類《るい》…魚類《ぎょるい》

ラッコの『寒《さむ》くならない』魔《ま》法《ほう》を使《つか》いな!

「ラッコさんは人間《にんげん》と同《おな》じほにゅう類《るい》なのに、なぜ冷《つめ》たい海《うみ》にずっといられるのぉ?」

「ぼくね、食《た》べたものをすぐに熱《ねつ》エネルギーに変《か》えて、体温《たいおん》を保《たも》つために使《つか》ってるの。だから〝大食《おおぐ》い〟だよ。1日《にち》に体重《たいじゅう》の20~25%の重《おも》さのえさを食《た》べなきゃいけない」

「ぺんたも真似《まね》できそう!」

「それだけじゃない。**ぼくの**

DATA

住《す》んでいる場所《ばしょ》… 北《きた》アメリカから日本《にほん》までアジアの太平洋沿岸《たいへいようえんがん》
大《おお》きさ… 100~130cm(尾長《びちょう》25~37cm)
食《た》べ物《もの》… 貝類《かいるい》、甲殻類《こうかくるい》(エビ、カニなど)、ウニ類《るい》、魚類《ぎょるい》、海藻類《かいそうるい》、足頭類《そくとうるい》(イカなど)
分類《ぶんるい》… ほにゅう類《るい》

体《からだ》の毛《け》は地球上《ちきゅうじょう》の動物《どうぶつ》のなかでもっともフサフサなの。1平方《へいほう》cmあたり2・6万《まん》～16・5万本《まんぼん》の毛《け》が生《は》えている。それに、毛《け》が上下《じょうげ》2層《そう》に分《わ》かれてるの。防水効果《ぼうすいこうか》の高《たか》い『外毛《がいもう》』のおかげで、『下毛《かもう》』がぬれないまま空気《くうき》をためこむことができる。だから体温《たいおん》を守《まも》れるの」

「毛《け》が2種類《しゅるい》もあるんだ！」

「うん。ただ、毛《け》がよごれると保温効果《ほおんこうか》が弱《よわ》まるから、よくお手入《てい》れしないといけない。1日《にち》に数時間《すうじかん》は前足《まえあし》のつめで毛《け》づくろいをして、空気《くうき》を吹《ふ》き込《こ》んでるよ」

ぺんたも、羽毛《うもう》の本数《ほんすう》を増《ふ》やせば、もっとあたたかくなりゅう？

地球上《ちきゅうじょう》の動物《どうぶつ》のうち、最《もっと》も高《たか》い毛《け》の密度《みつど》を誇《ほこ》るラッコ。全身《ぜんしん》の本数《ほんすう》は８億本《おくほん》（人《にん》間《げん》の頭髪《とうはつ》は10万本《まんぼん》）！「ガードヘア」という長《なが》い毛《け》の下《した》に「アンダーヘア」という細《こま》かい毛《け》が生《は》えています。ガードヘア１本《ぽん》あたり12～108本《ぽん》のアンダーヘアの束《たば》が生《は》えているという説《せつ》も。毛《け》の間《あいだ》の空気《くうき》の層《そう》が暖《あたた》かさの秘密《ひみつ》です。他《ほか》の海洋性《かいようせい》ほにゅう類《るい》とは異《こと》なり脂肪層《しぼうそう》を持たないため、毛《け》が発達《はったつ》したと考《かんが》えられています。

フンコロガシの『前《まえ》を見《み》ずに歩《ある》く』魔法《まほう》を使《つか》いたい！

「ねえ、何《なに》を運《はこ》んでいるのぉ」

「ひろったうんちだよ」

「それ、すっごく大《おお》きいうんちだからぁ、前《まえ》が見《み》えていないでしょぉ？　どうして進《すす》む道《みち》がわかるのぉぉ？」

「**風《かぜ》を体《からだ》で感《かん》じたり、太陽《たいよう》や月《つき》の光《ひかり》、天《あま》の川《がわ》の光《ひかり》を見《み》たりすれば、どっちにいけばいいかわかるよ。**ぺんたくんは皇帝《こうてい》ペンギンでしょ？　大人《おとな》に

分《わ》かってても むずかしいぃ～
逆《さか》さにならなくていいんじゃない？

なったらわかるようになるよ」

「そうなのぉ？　ぺんたは、知《し》らないところをひとりで歩《ある》くなんて、こわいよぉぉ」

「方角《ほうがく》がわかるコンパスが、大人《おとな》になれば体《からだ》の中《なか》にできるよ。いろんな力《ちから》もつく。今《いま》は、コンパスを持《も》ち歩《ある》けばいいんじゃない？」

「ねえねえ、どうして逆立《さかだ》ちしながら運《はこ》んでるのぉ？　つかれないのぉ？」

「この姿勢《しせい》が好《す》きなんだよ！　ちょっと、どいて！　だれにも見《み》られないようにいそいで運《はこ》んでるんだから」

大人《おとな》の皇帝《こうてい》ペンギンも、おひさまやお月《つき》さまを見《み》たり、風《かぜ》を感《かん》じたりして道《みち》がわかるんだってぇぇ〜

フンコロガシは動物《どうぶつ》の糞《ふん》を発見《はっけん》すると、一部《いちぶ》を丸《まる》め、仲間《なかま》から離《はな》れた安全《あんぜん》な場所《ばしょ》に転《ころ》がして運《はこ》び、そこで食《た》べようとします。道《みち》を進《すす》む時《とき》、夜行性《やこうせい》のフンコロガシは、月《つき》の偏光《へんこう》（人《ひと》の肉眼《にくがん》では見《み》えない）や、天《あま》の川《がわ》の光《ひかり》から、方向《ほうこう》を判断《はんだん》します。昼行性《ちゅうこうせい》のフンコロガシは、太陽《たいよう》を目印《めじるし》に進《すす》んだり、風《かぜ》を感《かん》じたりすることで方角《ほうがく》を見定《みさだ》めます。つまり、複数《ふくすう》の手段《しゅだん》を状況《じょうきょう》によって使《つか》い分《わ》けているという説《せつ》が有力《ゆうりょく》です。

DATA

住《す》んでいる場所《ばしょ》… 海《うみ》と南極《なんきょく》をのぞくすべての地域《ちいき》
大《おお》きさ… 5mm 〜 40cm
食《た》べ物《もの》… 動物《どうぶつ》の糞《ふん》
分《ぶん》　類《るい》… 昆虫類《こんちゅうるい》

「オオミズナギドリさんって、いつも時間《じかん》をきちんと守《まも》れるんだってぇ？」

「うん。えさを探《さが》すとき、数《すう》日間《じっかん》のとまりがけでいろんな海《うみ》にいくんだけどね。いつも、日《ひ》が沈《しず》んでから3時間《じかん》以内《いない》に家《いえ》に帰《かえ》りつくようにしてるの。明《あか》るいうちは、カラスとかの敵《てき》がこわいからね」

「でも、いろんな場所《ばしょ》から

オオミズナギドリの『時間《じかん》を守《まも》る』魔法《まほう》を使《つか》い手！

帰《かえ》ってくるでしょ？　なんで時間《じかん》が守《まも》れるの？」

「簡単《かんたん》だよ。１００㎞はなれた海《うみ》から戻《もど》ってくるときは、日《ひ》がしずむ3時間前《じかんまえ》に家《いえ》に向《む》けてスタート。４００㎞はなれた海《うみ》から戻《もど》ってくるときは、日《ひ》がしずむ12時間前《じかんまえ》にスタート。きょりによって出発時間《しゅっぱつじかん》を変《か》えるの」

「わぁ、ぺんたも博士《はかせ》に〝時間《じかん》を逆算《ぎゃくさん》しなさい〟って言《い》われるけどぉ、難《むずか》しくってできないよぉ。どうやるの？」

「うーん……**『行《い》きの羽《は》ばたきの回数《かいすう》』**や、**『つかれ具合《ぐあい》』**で考《かんが》えてるかなぁ」

ぺんたは、おいしいものを見《み》つけると寄《よ》り道《みち》するからぁ、おそくなるのかなぁ

「帰巣《きそう》にかかる時間《じかん》を考慮《こうりょ》し、えさ場《ば》を出発《しゅっぱつ》する」。この能力《のうりょく》については、東大大気海洋研究所《とうだいたいきかいようけんきゅうじょ》などが21羽《わ》のオオミズナギドリに小型《こがた》GPSをつけたことで明《あき》らかになりました。どの個体《こたい》も時速《じそく》35km前後《ぜんご》で飛《と》び、移動距離《いどうきょり》に応《おう》じて速度《そくど》を変《か》えることはありませんでした。人《ひと》は時間《じかん》に遅《おく》れそうになると走《はし》って調節《ちょうせつ》したりするものですが、そのような行動《こうどう》はとりません。つまり距離《きょり》や所要時間《しょようじかん》を的確《てきかく》につかんでいるのです。

DATA

住《す》んでいる場所《ばしょ》… 日本《にほん》、太平洋西部《たいへいようせいぶ》、アジア南部《なんぶ》、オーストラリア近海《きんかい》

大《おお》きさ… 49cm

食《た》べ物《もの》… 魚類《ぎょるい》、イカなどの軟体動物《なんたいどうぶつ》

分《ぶん》　類《るい》… 鳥　類《ちょうるい》

ぺんたと小春《こはる》と博士《はかせ》のおはなし③

「博士《はかせ》ぇぇぇ、ただいまぁぁ～！」

「ぺんた、小春《こはる》、おかえり。

楽《たの》しかったようじゃな？」

「うんっ！　とぉぉってもたのしかったぁぁ～！

あのねぇ、あのねぇ、いろんな動物《どうぶつ》さんにぃ、

いろんなことを教《おそ》わったよぉぉ～！」

「私《わたし》たち皇帝《こうてい》ペンギンは、

何《なん》にも魔法《まほう》が使《つか》えないと思《おも》っていたけど、

使《つか》える魔法《まほう》もあるってわかりましたっ！

自分《じぶん》たちでは当《あ》たり前《まえ》にできることも、

誰《だれ》かから見《み》たら、魔法《まほう》に見《み》えるみたいっ！」

「そうか、そうか。ぺんたと小春《こはる》にも、
まだ自分《じぶん》でも気《き》がついていない魔法《まほう》が
あるかもしれないよ。
これから、たくさん見《み》つかるから、
楽《たの》しみにしておくといいのう」

「ねぇねぇ、博士《はかせ》っ。

いろんな動物《どうぶつ》さんに魔法《まほう》を習《なら》いに行《い》って、

考《かんが》えたことがあるのっ」

「なんじゃ？」

「誰《だれ》かをうらやましいと思《おも》って、

真似《まね》っこして魔法《まほう》を使《つか》えるようになろうとすると

苦《くる》しくなるんじゃないかなっ？」

「えぇぇ〜？　小春《こはる》、苦《くる》しかったのぉぉ？」

「うーん、ずっと苦《くる》しいわけじゃないけどっ。

自分《じぶん》には何《なん》にも魔法《まほう》がないなって思《おも》った時《とき》は、

なんだかつらくなったよっ」

「そうだねぇぇ、ぺんたもぉ、
ちょっぴり悲《かな》しくなったぁぁ」
「そうでしょっ。
ねえ、博士《はかせ》、まねっこするって、
苦《くる》しいことなのかなっ？」
「そうじゃなぁ……。確《たし》かに、
自分《じぶん》に足《た》りないことばっかりを考《かんが》えていると、
博士《はかせ》も悲《かな》しくなることがあるよ。
もっと上手《じょうず》にできたらなぁとか、
もっと他《ほか》の人《ひと》より早《はや》くできたらなぁとか、
考《かんが》えることがあるからのう」

「えぇぇぇ！　博士《はかせ》もそんなこと考《かんが》えるのぉ〜？
大人《おとな》なのにぃぃ〜」
「わっはっは。大人《おとな》だって、毎日《まいにち》そんなふうに考《かんが》えながら、
一生懸命《いっしょうけんめい》暮《く》らしているんじゃよ。
でもね、ぺんた、小春《こはる》。南極《なんきょく》から日本《にほん》にやってきて、
人間《にんげん》たちが色々《いろいろ》な機械《きかい》や物《もの》を作《つく》って暮《く》らしていることに、
すごく驚《おどろ》いていただろう？」
「うん、とってもおどろいたぁぁ。
飛行機《ひこうき》で遠《とお》くに行《い》けたりとかぁぁ、
暑《あつ》いところですずしくなれるエアコンがあったりとかぁぁ、
遠《とお》くにいる友達《ともだち》とおしゃべりできるお電話《でんわ》があったりとかぁぁ、
人間《にんげん》はたくさん魔法《まほう》を使《つか》えるよねぇぇ〜！」

「そうじゃな。でも、人間《にんげん》がどうしてこんなに、たくさんの魔法《まほう》を使《つか》えるようになったと思《おも》う？」

「えぇぇぇぇ……、頭《あたま》が良《よ》かったからぁ？」

「そうじゃな。それもあるかもしれないけれど、博士《はかせ》はね、人間《にんげん》は、動物《どうぶつ》の使《つか》える魔法《まほう》をたくさん真似《まね》してきたからだと思《おも》っとる。

早《はや》く走《はし》れたり、遠《とお》くに飛《と》べたり、いろんな動物《どうぶつ》たちのやっていることを見《み》て、〝自分《じぶん》たちも、こうなれたらいいな〟と願《ねが》ったからこそ、人間《にんげん》は魔法《まほう》をたくさん使《つか》えるようになったんじゃよ」

「そっかぁ〜。じゃあ、うらやましいなって思《おも》うことも、無駄《むだ》なことばっかりじゃないのねっ」

「もちろん、魔法《まほう》が使《つか》えるようになるまでは、
辛《つら》い気持《きも》ちもあるじゃろう。
でも、それがぺんたと小春《こはる》を
成長《せいちょう》させてくれるのかもしれんのう。
ただ、本当《ほんとう》にやりたいと思《おも》うことだけを
真似《まね》すればええんじゃよ。
みんながてきるからとか、
誰《だれ》かがいいと言《い》ったからって、
真似《まね》をする必要《ひつよう》はないんじゃ」
「そっかぁぁ〜。わかったよぉぉ〜」

「ねぇ、博士《はかせ》っ。人間《にんげん》は、これから
どんな魔法《まほう》が使《つか》えるようになるんだろうねっ」
「そうじゃなぁ……。博士《はかせ》はね、これから人間《にんげん》は、
地球環境《ちきゅうかんきょう》をこわすことなく、暮《く》らして行《い》く魔法《まほう》を
身《み》につけなくちゃいけないと思《おも》っとるんじゃ」
「ちきゅうかんきょう～？」
「そうじゃ。ぺんたと小春《こはる》の故郷《こきょう》の南極《なんきょく》の氷《こおり》は、
〝地球温暖化《ちきゅうおんだんか》〟の影響《えいきょう》で、どんどんとけてしまっている。
だから、ペンギンたちの暮《く》らす場所《ばしょ》が
少《すく》なくなってしまっているんじゃ」
「そ、そ、そうなのぉ！　ぺんたたち、
おうちがなくなっちゃうのぉぉ……？」

「このままいくと、
そうなっちゃうかも
しれないんじゃ。
だからね、人間《にんげん》は、
動物《どうぶつ》たちと一緒《いっしょ》に、
ずっとずっと
地球《ちきゅう》で暮《く》らしていける魔法《まほう》を
身《み》につける宿題《しゅくだい》があると
思《おも》うんじゃ」

「そっかぁぁ〜。ぺんたたちも、
みんなでずっと一緒《いっしょ》に
仲良《なかよ》く暮《く》らしたいぃぃ〜」
「そうじゃな、みんなで、
ずっと仲良《なかよ》く暮《く》らそうな」
「ところでぇぇ、ぺんた、
おなかがすいたよぉぉ〜！」
「わっはっは。さあ、ご飯《はん》にしよう。
手《て》を洗《あら》っておいで」
「はぁ〜い！」

ぺんたと小春

ぺんた

～空《そら》をとびたいペンギン

寝《ね》ぐせがトレードマークの皇帝《こうてい》ペンギンのヒナ。南極《なんきょく》生《う》まれの生後《せいご》2か月《げつ》。ドジで天然《てんねん》なんだけど、なんにでも一生懸命《いっしょうけんめい》。夢《ゆめ》は「空《そら》を飛《と》びたい！」。好《す》きな食《た》べものは、春巻《はるま》き（「ふぁるまき」っていっちゃう！）ママのお尻《しり》の匂《にお》いをかぐのがひそかな癖《くせ》。

小春《こはる》

～ぺんたを見守《みまも》るしっかりもの

ぺんたの幼《おさな》なじみ。「ペンギン飛行《ひこう》機《き》」で日本《にほん》に来《き》たぺんたを追《お》いかけて、ペンギン飛行機製作所《ひこうきせいさくじょ》の特別《とくべつ》所員《しょいん》に。うっかり屋《や》さんのぺんたをいつも心配《しんぱい》している、しっかりものの女《おんな》の子《こ》。日本《にほん》に来《き》てから、甘《あま》いもののおいしさにめざめる。

インスタグラムやってるよぉ〜

@penguinhikoki

ツイッターもみてねぇ〜

@penguinhikoki

フォロワーさん、
6万人《まんにん》
突破《とっぱ》!

いろんなイベントにもあそびにいくよぉ〜

監修者

佐藤克文（さとう・かつふみ）

東京大学 大気海洋研究所教授。

1967年宮城県生まれ。1995年京都大学大学院 農学研究科修了(農学博士)。

日本学術振興会特別研究員、国立極地研究所助手、東京大学大気海洋研究所准教授を経て、2014年より現職。専門は動物行動学、動物生理生態学など。

小さなデータ記録装置を動物の体にとりつけて、動物の動き、行動や生態について詳しく調べる「バイオロギング」の分野で活躍している。

ぺんたと小春のどうぶつ魔法学校

2020年4月20日　初版印刷
2020年4月30日　初版発行

監修者　佐藤克文
発行人　植木宣隆
発行所　株式会社サンマーク出版
〒169-0075
東京都新宿区高田馬場2-16-11
電話　03-5272-3166(代表)
印刷　共同印刷株式会社
製本　株式会社若林製本工場

ブックデザイン
河南祐介、五味聡、藤田真央
(FANTAGRAPH)
イラスト　たかむらすずな
校閲　鷗来堂
DTP　天龍社

ISBN978-4-7631-3828-6　C8045
ホームページ　https://www.sunmark.co.jp

製作「ペンギン飛行機製作所」の所員たち

◎所長：黒川精一
◎所員：新井俊晴、池田るり子、岸田健児、
浅川紗也加、酒見亜光、荒井聡、
荒木宰、吉田翼、戸田江美、
はっとりみどり、鈴木江実子、山守麻衣

製作 ペンギン飛行機製作所
penguin airplane factory

「暮らしの“不都合”を“うれしい”に変える」を合言葉に、暮らしにまつわるさまざまな記事を製作。また、皇帝ペンギンのヒナで、寝ぐせがトレードマークの「ぺんた」とピンクのリボンがかわいい「小春」の本やグッズを製作している。また、ぺんたと小春の日常をつづる絵本のようなインスタグラム「ペンスタグラム」が「いやされる!」と人気を呼んでいる。ぺんたは、2005年にアカデミー賞の長編ドキュメンタリー賞を獲得した映画「皇帝ペンギン」の第二弾、「皇帝ペンギン　ただいま」の公式キャラクターもつとめた。

◎公式ツイッター
https://twitter.com/penguinhikoki

◎公式サイト
https://penguin-hikoki.com

◎公式インスタグラム「ペンスタグラム」
https://www.instagram.com/penguinhikoki

◎公式フェイスブック
https://www.facebook.com/penguinhikoki/

◎ぺんたが勝手にはじめた非公式ツイッター
https://twitter.com/tobitaipenta